陶瓷材料学

主 编 王凯悦 田玉明 韩 涛

U0233325

北京理工大学出版社
BEIJING INSTITUTE OF TECHNOLOGY PRESS

内 容 简 介

　　本书系统地阐述了陶瓷粉体制备、成型、烧结及施釉等陶瓷制备工艺,全面介绍了陶瓷晶体结构、陶瓷晶体缺陷、陶瓷中的扩散以及陶瓷相图等陶瓷固体特征,对陶瓷显微组织、陶瓷相变、陶瓷增韧、陶瓷机械性能与陶瓷热学性能等也进行了详细介绍。

　　本书可作为材料科学与工程及相关专业大学生和研究生的教材,也可供从事材料科学研究、生产、管理、开发和新技术推广等工作的科技人员参考。

图书在版编目（CIP）数据

　　陶瓷材料学 / 王凯悦,田玉明,韩涛主编. -- 北京:
北京理工大学出版社,2022.5
　　ISBN 978-7-5763-1297-3

　　Ⅰ. ①陶… 　Ⅱ. ①王… ②田… ③韩… 　Ⅲ. ①陶瓷-
无机材料 　Ⅳ. ①TB321

　　中国版本图书馆 CIP 数据核字（2022）第 071304 号

出版发行 / 北京理工大学出版社有限责任公司	
社　　址 / 北京市海淀区中关村南大街 5 号	
邮　　编 / 100081	
电　　话 / （010）68914775（总编室）	
（010）82562903（教材售后服务热线）	
（010）68944723（其他图书服务热线）	
网　　址 / http://www.bitpress.com.cn	
经　　销 / 全国各地新华书店	
印　　刷 / 涿州市新华印刷有限公司	
开　　本 / 787 毫米×1092 毫米　1/16	
印　　张 / 9	责任编辑 / 多海鹏
字　　数 / 212 千字	文案编辑 / 闫小惠
版　　次 / 2022 年 5 月第 1 版　2022 年 5 月第 1 次印刷	责任校对 / 刘亚男
定　　价 / 55.00 元	责任印制 / 李志强

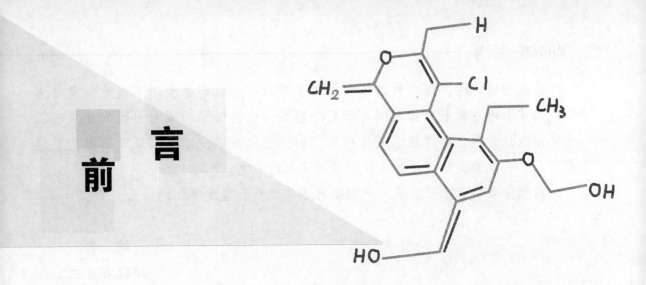

前 言

　　20 世纪以来，经过国家科技攻关和"863 计划"支持，我国在高技术陶瓷领域形成了许多特色产品，它们普遍具有高硬度、高强度、耐磨损、耐腐蚀、耐高温等优异性能，被广泛应用于化工、冶金、机械、能源，以及航空航天、通信电子、国防军工等领域。近年来国内陶瓷产业和市场正以年均 10% 的速度迅猛成长，迫切需要大量陶瓷材料领域人才。

　　《陶瓷材料学》主要涉及陶瓷粉体制备、成型、烧结、结构、性能及应用等内容，是培养陶瓷材料领域人才最为重要的教材之一。经过多年的建设发展，太原科技大学已经培养了一批陶瓷材料领域的优秀毕业生。在此基础上，编者借鉴了大量国内外优秀的教材、专著、资料，并结合本校教学体会、经验，在山西省研究生优秀教材建设项目（2021YJJG253）和太原科技大学教学改革创新项目——本科生教材建设项目（JG2021022）支持下，联合山西科技学院、山西工学院、山西工程技术学院等兄弟院校多位老师合作编著而成。

　　本书分为三篇共 13 章：第一篇从陶瓷粉体制备、成型工艺、陶瓷烧结及陶瓷釉料等方面介绍陶瓷制备工艺；第二篇从陶瓷晶体结构、陶瓷晶体缺陷、陶瓷中的扩散以及陶瓷相图等方面阐述陶瓷固体特征；第三篇从陶瓷显微结构、陶瓷相变、陶瓷增韧、陶瓷机械性能与陶瓷热学性能等方面论述陶瓷显微结构与性能。

　　全书的编写者名单及分工如下：山西工程技术学院编写第 1 章（张清华副教授），第 2 章（郭劲言博士）；山西工学院编写第 3 章（韩涛教授）；太原科技大学编写第 4 章（周毅副教授），第 5、10 章（王凯悦教授），第 6 章（武雅乔副教授），第 7 章（力国民副教授），第 8 章（张宇飞博士），第 13 章（金亚旭副教授）；山西科技学院编写第 9、12 章（田玉明教授），第 11 章（朱保顺博士）。全书由王凯悦教授统稿，最后由田玉明教授校阅定稿。

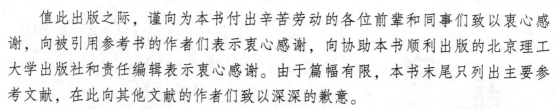

值此出版之际，谨向为本书付出辛苦劳动的各位前辈和同事们致以衷心感谢，向被引用参考书的作者们表示衷心感谢，向协助本书顺利出版的北京理工大学出版社和责任编辑表示衷心感谢。由于篇幅有限，本书末尾只列出主要参考文献，在此向其他文献的作者们致以深深的歉意。

由于作者学识水平有限，书中如有不妥之处恳望读者批评指正。

编　者

2022 年 1 月

目录

第一篇　陶瓷制备工艺

第二篇 陶瓷固体特征

第三篇 陶瓷显微结构与性能

第一篇

陶瓷制备工艺

第 1 章　陶瓷粉体制备

陶瓷粉体制备方法主要有固相法、液相法和气相法三类。固相法是以固体物质为初始原料来制备超细粉体，其特点是便于批量化生产、成本较低，但有时存在杂质；液相法的优点在于化学组成便于控制、元素可在离子或分子尺度上均匀混合，可制备微纳米级陶瓷粉体，且纯度高、活性好；气相法是将挥发性金属化合物的蒸气，通过化学反应合成所需的粉体，这种方法合成的粉体具有粒径分布窄、比表面积大、活性大、球形度高等特点，但因其比表面积大，容易团聚，给储存和使用带来不便。本章将论述陶瓷粉体制备中常用的固相法、液相法、气相法的制备流程、工艺特点及实际应用。

1.1　固相法制备陶瓷粉体

固相法包括球磨法、高温固相反应法、氧化还原反应法、热分解反应法、自蔓延高温合成法等。以下为这几种方法的具体介绍。

1.1.1　球磨法

球磨法是通过研磨球、研磨罐和颗粒的频繁碰撞，使颗粒在球磨过程中被反复地挤压、变形、断裂，随着球磨的延续，颗粒表面的缺陷密度增加、晶粒逐渐细化的过程。球磨不仅起到磨细颗粒的作用，还可以起到打碎团聚体、调整粒度分布，以及原料混合的作用。值得注意的是，球磨法很难获得粒度低于 $1\ \mu m$ 的陶瓷粉体。

球磨效率的高低主要受以下因素影响：①料球比，应通过实验确定最佳配比；②适当延长球磨时间可降低原料的粒度，但时间过长，无助于粒度降低，反而浪费时间和能量；③适当的球磨机转速，应保证原料与球随着球磨罐做垂直圆周运动，同时球从圆周的顶点自由下落打击原料颗粒；④湿法球磨效率一般高于干法；⑤粉碎中后期，应及时将细粉分离出，否则细粉将阻碍大颗粒的粉碎；⑥料+球+水的装罐量一般占球磨罐的 70% 左右。

球磨罐常选用陶瓷和钢，而磨球常选用陶瓷、钢和玛瑙材质。硬质的陶瓷球虽然可以提高球磨效率，但其磨损引入的杂质却难以去除，所以最好选用与原料同成分的磨球或无害材质磨球。使用钢球、钢罐时球磨效率高，但混入的铁杂质需经磁铁或酸去除，这种工艺复

杂，还会造成环境污染。

1.1.2　高温固相反应法

高温固相反应法是指两种或两种以上的固体粉末经混合后，在一定的热力学条件和气氛下反应而成为陶瓷粉体，有时也伴随气体逸出。该方法主要过程有：①将参加反应的固体物质按照配比均匀混合；②在适当高温下反应合成；③将熟料块体磨细至所需粒度。

钛酸钡粉末的合成就是一个典型的固相反应法实例。首先将等物质的量的 $BaCO_3$ 和 TiO_2 粉末充分混合，在 1 050 ℃下预烧一定时间，再继续加热至 1 200~1 300 ℃，并按照一定冷却速度降温，即可得到 $BaTiO_3$ 粉末，其反应式为

$$BaCO_3+TiO_2 \longrightarrow BaTiO_3+CO_2 \tag{1-1}$$

高温固相反应法还可以用于合成尖晶石粉末和莫来石粉末，反应式为

$$Al_2O_3+MgO \longrightarrow MgAl_2O_4 \tag{1-2}$$

$$3Al_2O_3+2SiO_2 \longrightarrow 3Al_2O_3 \cdot 2SiO_2 \tag{1-3}$$

1.1.3　氧化还原反应法

非氧化物陶瓷粉体，在工业上多采用氧化还原反应法制备，特别是碳化物、硼化物、氮化物系列粉末。例如 SiC 粉末的制备，是将 SiO_2 与 C 粉混合，在 1 460~1 600 ℃加热，逐渐还原碳化，其反应式为

$$SiO_2+C \longrightarrow SiO+CO \tag{1-4}$$

$$SiO+2C \longrightarrow SiC+CO \tag{1-5}$$

$$SiO+C \longrightarrow Si+CO \tag{1-6}$$

$$Si+C \longrightarrow SiC \tag{1-7}$$

同样，在 N_2 条件下，1 600 ℃加热使得 SiO_2 与 C 发生还原—氮化，进而制得 Si_3N_4 粉末，其反应式为

$$3SiO_2+6C+2N_2 \longrightarrow Si_3N_4+6CO \tag{1-8}$$

由于 SiO_2 和 C 粉是非常便宜的原料，并且纯度高，因此这样获得的 Si_3N_4 粉末纯度高、颗粒细。

1.1.4　热分解反应法

热分解无机盐类可得到细微氧化物陶瓷粉体，例如碳酸铝铵在 1 100 ℃热分解完全转变为 $\alpha\text{-}Al_2O_3$，反应式为

$$2NH_4AlO(OH)HCO_3 \longrightarrow \alpha\text{-}Al_2O_3+2CO_2+3H_2O+2NH_3 \tag{1-9}$$

该方法获得的 $\alpha\text{-}Al_2O_3$ 大小为 0.1~0.3 μm，纯度大于 99.9%，具有良好的烧结性能。

1.1.5　自蔓延高温合成法

自蔓延高温合成法是利用外部提供的能量诱发体系局部发生高温化学反应，所释放出的

热量促使反应以燃烧波的形式自动蔓延下去，从而形成新的化合物。

自蔓延高温合成法的优点有：①工艺简单，反应快，一般在几十秒内完成反应；②反应过程消耗外部能量少，节约能源；③产品纯度高；④材料烧成和合成可同时完成。该方法主要应用于非氧化物粉末的合成，包括元素直接合成法、镁热还原法和铝热还原法。

例如，利用 Ti 粉、炭黑和稀释剂为反应物，用钨丝通电点燃反应物，自蔓延合成疏松块状 TiC 粉末，其反应式为

$$Ti+C \longrightarrow TiC \tag{1-10}$$

利用 TiO_2、B_2O_3、Mg 粉为原料，由镁热还原法合成 TiB_2 和 MgO，经酸洗除去 MgO 后获得 $1\sim1.5\ \mu m$ 的 TiB_2 粉，其反应式为

$$TiO_2+B_2O_3+5Mg \longrightarrow TiB_2+5MgO \tag{1-11}$$

利用 Al、B_2O_3、C 粉为原料，经钨丝点燃，由铝热反应法合成 B_4C–Al_2O_3 陶瓷，其反应式为

$$2B_2O_3+4Al+C \longrightarrow 2Al_2O_3+B_4C \tag{1-12}$$

1.2　液相法制备陶瓷粉体

液相法包括沉淀法、溶胶凝胶法、醇盐水解法、水热/溶剂热法、溶剂蒸发法等。

1.2.1　沉淀法

沉淀法是利用各种溶解在水中的物质反应生成不溶性氢氧化物、碳酸盐、硫酸盐和乙酸盐等，再将沉淀物加热分解，得到最终所需的微纳米粉体，其优点是反应过程简单、成本低、便于推广和工业化生产。

沉淀法的基本过程为：形成过饱和态，生成新相的核，由核长成粒子，生成相的稳定化等。沉淀法包括直接沉淀法、共沉淀法和均匀沉淀法三种。

1. 直接沉淀法

直接沉淀法是在溶液中加入沉淀剂，反应后所得到的沉淀物经洗涤、干燥、热分解而获得所需的氧化物，也可仅通过沉淀操作就直接获得所需要的氧化物。

例如，将 $Ba(OC_3H_7)_2$ 和 $Ti(OC_5H_{11})_4$ 溶解在苯中，加入水进行水解，就能获得粒径为 $5\sim15\ nm$、团聚体为 $1\ \mu m$ 的 $BaTiO_3$ 微粉。

直接沉淀法操作简便，对设备、技术要求不高，不易引入其他杂质，有良好的化学计量性、成本较低，但其合成的粉体粒径分布较宽。

2. 均匀沉淀法

均匀沉淀法的特点是不外加沉淀剂，而是使沉淀剂在溶液内缓慢生成，因此可消除沉淀剂的局部不均匀性。

例如，将尿素水溶液加热至 70 ℃，发生水解反应，其反应式为

$$(NH_2)_2CO+3H_2O \longrightarrow 2NH_4OH+CO_2 \tag{1-13}$$

该方法生成的沉淀物纯度高、体积小，过滤、洗涤操作容易。

3. 共沉淀法

共沉淀法是在混合的金属盐溶液中加入合适的沉淀剂，反应生成均匀沉淀，经洗涤、干燥、煅烧后得到粉体材料。该方法工艺简单实用、生产成本较低，且可制备高纯、超细、组成均匀、烧结性能好的陶瓷粉体，现已广泛用于制备各种氧化物陶瓷粉体。

例如，将 Y_2O_3 和 $ZrOCl_2 \cdot 8H_2O$ 混合制备金属盐溶液，加入氨水生成组成均匀的混合沉淀，经洗涤、干燥、煅烧获得 Y_2O_3 固溶的 ZrO_2 粉体。

1.2.2 溶胶凝胶法

溶胶凝胶法是指将前驱体配制成溶液，经水解和缩合反应，形成稳定的透明溶胶，通过陈化形成凝胶，经干燥、煅烧后即可获得陶瓷粉体。控制溶胶凝胶化的主要参数包括溶液的 pH 值、离子浓度、反应温度和时间。

1. 水解和聚合

醇盐经水解形成前驱体溶胶，其反应式为

$$M(OR)_n + xH_2O \longrightarrow M(OH)_x(OR)_{n-x} + xROH \tag{1-14}$$

$$M(OH)_x(OR)_{n-x} \longrightarrow MO_{\frac{n}{2}} + (n-x)ROH + \left(x - \frac{n}{2}\right)H_2O \tag{1-15}$$

2. 凝胶的形成

溶胶在外界条件（温度、外力、电解质或化学反应）作用下变成一种特定的半固体凝胶状态。随着凝胶的形成，体系不仅失去了流动性，而且显示出固体的力学性质。凝胶形成的过程主要包括单体聚合成初始粒子、初始粒子长大、粒子凝结成键，然后形成三维网络。

3. 凝胶的干燥

控制凝胶的干燥过程是避免超细粉体产生团聚的关键，干燥过程就是除去湿凝胶中残余的水分、有机基团和有机溶剂。

溶胶凝胶法的优点在于通过溶胶混合可精确控制化学成分，缺点是产率较低，而且所用的原料一般比较昂贵。

1.2.3 醇盐水解法

醇盐一般可溶于水，遇水后很容易分解成乙醇和氧化物或水合物。醇盐水解时不需要添加其他阳离子或阴离子，因而能获得高纯度的生成物。

例如，以 Si 的醇盐 $Si(OC_2H_5)_4$ 为例，其水解反应式为

$$Si(OC_2H_5)_4 + 2H_2O \longrightarrow SiO_2 + 4C_2H_5OH \tag{1-16}$$

醇盐水解法具有溶胶凝胶法的优点，同时还具有以下特点：①醇盐一般是不稳定状态的固体，可以通过蒸馏提纯，从而提高制得的粉体纯度；②制得的粉体化学均匀性好，因为其键合在煅烧前就形成了。不足之处是，醇盐的利用率低、成本高、煅烧时有废气逸出等。

1.2.4 水热/溶剂热法

水热法，是指在特制的密闭反应器（高压釜）中，采用水溶液作为反应介质，通过对

反应体系加热，创造一个相对高温、高压的环境，使得通常难溶或不溶于水的物质溶解并重结晶。

例如，以 $ZrOCl_2$ 水溶液中加入沉淀剂得到的 $Zr(OH)_4$ 胶体为前驱体，加入合适的矿化剂，在 $200\sim600\ ℃$、$100\ MPa$ 的条件下处理 24 h，可以得到直径小于 20 nm 的 ZrO_2 纳米晶粒。

水热法避免了湿化学法的煅烧阶段，因此制备的粉体具有以下优点：①晶粒发育完整，晶粒细小且分布均匀；②粉体无团聚；③原料较低廉；④避免了高温煅烧和球磨，使得粉体杂质和缺陷少。

溶剂热法，是在水热法的基础上发展起来的一种新的材料制备方法，将水热法中的水换成有机溶剂（如有机胺、醇、氨、四氯化碳或苯等），采用类似于水热法的原理，以制备在水溶液中无法长成、易氧化、易水解或对水敏感的材料，如Ⅲ—Ⅳ主族半导体化合物、氮化物、硫族化物、新型磷（砷）酸盐分子筛三维骨架结构等。

1.2.5 溶剂蒸发法

沉淀法存在以下几个问题：①生产的沉淀呈凝胶状，很难进行过滤；②沉淀剂作为杂质混入粉料中；③沉淀过程各成分可能分离，在水洗时一部分沉淀物再溶解。

为了解决这些问题，人们研究并开发了不同沉淀剂的溶剂蒸发法。在溶剂蒸发时，为了保持溶液的均匀性，必须将溶液分散成小滴，而且迅速进行蒸发，使组成偏析小，因此一般采用喷雾法。由于喷雾法不需要沉淀操作，因而能合成复杂的多成分氧化物粉体。此外，喷雾法制得的氧化物颗粒一般为球形，流动性好，便于后续工序加工处理。

1.3 气相法制备陶瓷粉体

由气相生产陶瓷粉体的方法有两种：一种是体系不发生化学反应的蒸发——凝聚法（PVD），它是利用电弧或等离子体将原料加热至高温，使之汽化，接着在具有很大温度梯度的环境中急冷，凝聚成微粒状物料的方法；另一种是气相化学反应法，它是将挥发性金属化合物的蒸气，通过化学反应合成所需物质的方法。

与其他粉体制备方法相比，气相化学反应法的优点有：①金属化合物具有挥发性，容易提纯，而且生成的粉体不需要粉碎；②生成颗粒的分散性好；③易于获得粒径分布较窄的粉体；④容易控制气氛。目前常见的气相法合成工艺主要有化学气相沉积法（CVD 法）、等离子体气相合成法（PCVD 法）和激光诱导气相沉积法（LICVD 法）等。

1.3.1 化学气相沉积法

化学气相沉积法是在远高于热力学反应温度条件下，反应产物蒸气形成很高的过饱和蒸气压，使其自发凝聚形成大量晶核，这些晶核不断长大聚集成颗粒，并随着气流输送和真空泵抽送而获得超细陶瓷粉体。该方法可用于制备 SiC、Si_3N_4 及各种复合纳米粉体，硅源主要是硅卤化物和硅烷类物质，如 SiH_4、$(CH_3)_2SiCl_2$ 等，碳源和氮源一般选用 CH_4、NH_3 等，反应一般是在还原性 H_2 条件下进行的。

例如，以 $(CH_3)_2SiCl_2$ 和 H_2 作为反应气源，通过石英喷嘴被导入高温反应室中，在 $1\ 100 \sim 1\ 400\ ℃$ 条件下反应形成 SiC 粉体，其反应式为

$$(CH_3)_2SiCl_2 + 2H_2 \longrightarrow Si + 2CH_4 + 2HCl \tag{1-17}$$

$$CH_4 \longrightarrow C + 2H_2 \tag{1-18}$$

$$Si + C \longrightarrow SiC \tag{1-19}$$

1.3.2　等离子体气相合成法

等离子体气相合成法是在真空条件下，利用硅烷、氮气和氨气等原料，通过射频电场而产生辉光放电形成等离子体，在较低的温度下发生化学反应，经过淬冷、成核、长大等步骤形成所需要的陶瓷粉体。

等离子体气相合成法具有以下优点：①高的热性能：等离子体温度可高达 $3 \times 10^4\ K$，远高于普通加热过程的温度；②高的化学活性：在高温等离子体条件下，气体分子变成离子态或激发态，具有高活性基团；③极高的冷却速度：冷却速度可达到 $10^7\ K/s$，抑制了颗粒生长，有利于获得纳米粒子；④反应气氛可控：等离子体适合在各种反应气氛下操作。

例如，利用等离子体于 $3\ 230\ ℃$ 高温下使粒径为 $25 \sim 50\ \mu m$ 的 Al 粉蒸发，与 N_2 反应，可获得纯度为 100%、晶粒尺寸为 50 nm、比表面积达到 $100\ m^2/g$ 的 AlN 粉体。

等离子体气相合成法在半导体工业上也被广泛应用，经等离子体气相沉积 Si_3N_4、SiO_2 或非晶硅钝化的芯片，可显著提高集成电路及半导体器件的稳定性与可靠性。

1.3.3　激光诱导气相沉积法

激光诱导气相沉积法是利用反应气体分子对特定波长激光束的吸收而发生热解或化学反应，再经成核、生长而形成陶瓷粉体。该方法制备的粉体具有高纯、无团聚、晶粒细、粒度分布窄等优点，目前主要用于制备 SiC、Si_3N_4 等材料。

例如，以 SiH_4 和 NH_3 为反应气源，利用激光法制备纳米级 Si_3N_4 粉末，其反应式为

$$3SiH_4 + 4NH_3 \longrightarrow Si_3N_4 + 12H_2 \tag{1-20}$$

激光诱导气相沉积法产生极高的反应温度，使成核速率远大于生长速率，因此制备的粉体更细小。

第2章

陶瓷成型工艺

陶瓷成型工艺是将陶瓷粉料加入塑化剂等制成坯料，并进一步加工成特定形状坯体的过程，是陶瓷制备工艺中的一个重要环节。陶瓷成型过程中所造成的缺陷往往是陶瓷材料的主要危险缺陷，控制和消除这些缺陷促使人们不断深入研究和探索新的陶瓷成型工艺。

目前陶瓷坯料成型的方法有很多，根据其形成坯料的性质不同，可以分为干法成型、塑性成型和流法成型三种。本章将系统且全面地介绍这三类成型方法的工艺流程、优缺点及其在实际生产中的应用。

2.1 干法成型

干法成型是在陶瓷粉料中加入少许或不加塑化剂，陶瓷坯料处在具有一定流动性质的干粉态进行的成型。这样在坯料压实及排塑过程中，需要填充的空隙或排出的气体相对较少，就可获得高密度的成型坯体。这类成型方式主要有干压成型和等静压成型。

2.1.1 干压成型

干压成型是将流动性好的陶瓷粉料填充到具有一定形状的钢模内，通过外加压力，将陶瓷粉料压制成具有一定强度和形状的陶瓷素坯。这是应用最为广泛的一种成型方法，具有成型效率高、成型制品尺寸偏差小等优点，非常适宜于制备截面较小的陶瓷制品。

1. 粉料的造粒

为了达到工业生产中产品的质量，陶瓷粉料在充模过程中应具有良好的流动性。一般来说，微米级的陶瓷粉料流动性不好，通常需要经过造粒来提高其流动性，批量化生产都是采用喷雾干燥法造粒，而在实验室的小批量实验中，主要通过添加黏结剂进行人工造粒。

由于陶瓷粉料颗粒的性质对其流动充模和压制成型性能影响显著，因此必须在造粒过程中对其进行控制，主要包括：①粉料尺寸与形状，造粒尺寸为 $30\sim200~\mu m$，形状接近球形；②粉料堆积密度尽量高；③粉料间的摩擦力、颗粒表面与模壁的摩擦力要尽可能低。

在造粒过程中，常用的黏结剂有：①聚乙烯醇水溶液，它是无色液体，干压成型时通常

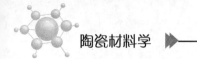

配制质量分数为 5% 左右，用量约为 6%，这种黏结剂的优点是工艺简单、素坯气孔率小、机械强度高；②石蜡，它在 50 ℃ 左右熔化，可以流动并润湿粉料，并形成一层薄的吸附层起黏结作用，用量约为 7%，这种黏结剂不易挥发，不易于在坯体中排除；③高频清漆，这种黏结剂的特点是工艺简单，坯体机械强度高，但费用昂贵，用量约为 8%。

2. 加压方式

依据压头和模腔运动方式不同，干压成型可分为三种：①单向加压，即模腔和下压头固定，上压头移动；②双向加压，模腔固定，上压头和下压头移动；③可动压模，下压头固定，模腔和上压头移动。

干压成型中压头和模腔之间的间隙为 10~25 μm，模腔内壁一般设置一定的锥度（<10 μm/cm）以便于脱模；干压成型制品的高度与直径比值一般为 0.5~1.0，对于单向加压的长径比一般不大于 0.5，对于双向加压的长径比一般不大于 1。此外，干压成型陶瓷粉料的含水量（质量分数）一般小于 2%。

3. 压力参数

干压成型过程中，通常在初始阶段致密化速率很高，压力通过颗粒间发生接触、滑动和重排；进一步加压时，颗粒发生形变且接触面积增加，气体通过颗粒间迁移并最终被排出。当成型压力高于 50 MPa 时，致密化速率较低，干压成型压力一般在 50~120 MPa 范围内调整，并按照具体情况选择。

升压速度与保压时间主要从压力的传递和气体的排出两方面来考虑。升压速度过快，保压时间过短，会造成坯体内的气体来不及排出体外；同时，压力尚未传递到应有的深度，而外力已卸除，这就不能达到理想的坯体质量。但是，如果升压速度过慢，保压时间过长，也会影响工效，因此应对具体情况制订出合理的方案。

2.1.2　等静压成型

干压成型工艺中，加压设备及模具本身就决定了它只能作一维方向的加压，这造成了坯体结构和强度的各向异性。为了解决这一问题，必须使得坯体受到均匀的各向压力。等静压成型就是为满足这一要求发展起来的。

与干压成型相比，等静压成型的优点主要有：①能成型形状较为复杂的零件；②摩擦损耗小，成型压力大；③压力从各个方向传递，坯体密度分布均匀、机械强度高；④模具成本低廉。其缺点是设备较为复杂、操作烦琐，生产效率不高。

根据成型过程不同，等静压成型可以分为湿式等静压成型和干式等静压成型两种。

1. 湿式等静压成型

湿式等静压成型是将预先成型好的坯体包封于弹性的塑料袋或橡胶套内，然后通过液体对坯体施加各向均匀的压力。这种技术的优点是成本相对较低，成型不同形状制品的灵活性大，但缺点是整个坯体连同胶套浸泡于传压液中，且在一定时间内成型制品的数量少。传压液体可用水、甘油或重油等，试验研究中压力一般选用 35~200 MPa。

采用湿式等静压成型可生产 Al_2O_3 和 ZrO_2 陶瓷柱塞，以及石油钻探用大尺寸 ZrO_2 陶瓷缸套，还可以用于制备大型薄壁、高精度、高性能的 Al_2O_3 天线罩（外形尺寸为：外径 210 mm，孔径 200 mm，高 500 mm 圆锥形，壁厚 4~5 mm，公差 0.03 mm）。

2. 干式等静压成型

干式等静压成型是对湿式等静压成型的一种改进,待压粉料的添加和成型工件的取出,都采用干法操作,而弹性胶套则是半固定式的,可多次使用。这种方法的工效及自动化水平大为提高,但只适合较简单的工件,尤其是压制长形、薄壁、管状制品。目前采用该方法制备高压钠灯用透明 Al_2O_3 陶瓷管,长度为 250 mm,壁厚只有 0.6 mm,公差控制在 0.1 mm 以内,每小时可生产 540 件产品。

2.2　塑性成型

最早的塑性成型是湿塑法成型,它是将炼制好的泥料置于旋转的底盘上,用手拉捏成具有一定回转同心的中空、薄壁圆形产品。后来,由湿塑法原理发展出挤压成型、轧膜成型、注射成型等。这类成型方法的共同点是坯料需加入塑化剂,使其具有可塑性,这种可塑性虽然为坯体的成型提供可能,但也造成了陶瓷致密度和机械强度的下降。

2.2.1　挤压成型

挤压成型是将陶瓷粉料、黏土或有机黏结剂、水一起混合和反复混炼后,通过真空除气和陈腐等工艺环节,使待挤出的坯料获得良好的塑性和均匀性,然后通过挤压机挤出所需形状的产品。挤压成型适合制造截面一致的陶瓷制品,特别是长宽比大的管状或棒状产品。

挤压成型是一种高效的成型方法,可以连续化和机械化地批量生产;成型的坯体可大可小,可大到 1 000 kg,也可小到几克。

1. 挤压成型的粉料制备

挤压成型通常是在室温下进行的,因此必须在陶瓷粉料中加入添加剂提高其可塑性。添加剂的选择取决于陶瓷粉料和所用液体。对于不含黏土的陶瓷粉料来说,需要一定量的有机添加剂和水;而含有黏土的陶瓷粉料只需要加水即可获得较好的可塑性。

对于现代精细陶瓷来说,均不含黏土,如 Al_2O_3、ZrO_2 等,因此必须加入有机添加剂。最主要的添加剂是黏结剂,其他的还有增塑剂、润滑剂、表面活性剂、分散剂、絮凝剂等。

黏结剂均具有很宽的黏度范围,可利用不同黏度的黏结剂配制所需的黏度。低黏度的黏结剂有糖浆、聚乙烯醇、阿拉伯胶等,中黏度的黏结剂有淀粉、丙烯、甲基纤维素等,高黏度的黏结剂有聚丙烯胺、褐藻酸钠等。

增塑剂可改善黏结剂的流变学特性,润滑剂可防止物料粘连模具,表面活性剂可提高黏结剂对粉料的润湿能力,分散剂和絮凝剂可调控粉料的分散或团聚程度。

2. 挤压成型工艺

挤压成型主要分为以下步骤:①配制混合物料,并利用混炼机进行挤压、揉炼及密实化处理,从而获得均匀的塑性泥料,对于含黏土的高铝电磁配方也可通过球磨和压滤获得;②均匀的泥料进入真空除气室,排除物料中的空气,提高物料的密实性和塑性;③除气后的塑性物料进入压缩室进行预压缩,然后在高推力的作用下从挤压机中挤出均匀致密无气泡的塑性物料;④按照所需长度进行切割,得到所需尺寸和形状的陶瓷坯体;

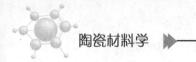

⑤对挤制的陶瓷坯体进行蒸发或加热干燥处理后即可进行烧结。

2.2.2 轧膜成型

轧膜成型是一种非常成熟的薄片瓷坯成型工艺，大量用于轧制瓷片电容、独石电容、电路基板等瓷坯。

1. 轧膜成型的坯料制备

轧膜用的坯料由陶瓷粉料和塑化剂构成。塑化剂是由黏结剂、增塑剂和溶剂配制而成的，黏结剂要有足够的黏结力和较好的成膜性能，烧成后灰分要少且无毒；增塑剂使黏结剂受力变形后不致出现收缩破裂，从而提高其可塑性；溶剂的主要作用是溶解黏结剂和增塑剂。

2. 轧膜成型工艺

制备坯料时，将预烧过的瘠性粉料磨细过筛掺入塑化剂，搅拌均匀并在轧膜机上混炼，使得陶瓷粉料与塑化剂充分混合。混炼过程伴随吹风，使塑化剂中的溶剂逐步挥发而形成较厚的膜片，即粗轧。接着进行精轧，逐步调整轧辊间距，将膜片转向90°，多次轧制直至达到必须的均匀度、致密度、光洁度和厚度。

轧膜工艺常用来轧制0.15 mm左右的坯片，若用于轧制更薄的坯片，容易出现厚薄不均、穿孔、轧辊磨损大等问题。

2.2.3 注射成型

注射成型是将陶瓷粉料与热塑性有机载体相配比、混合、造粒后，将其加入注射机中注射进模具型腔中，经充填保压、冷却和脱模，即得所需要的含塑坯体，然后置于排塑炉内，缓缓加热，排出有机成分，从而获得成型坯体。

注射成型适于生产形状复杂、尺寸精度要求严格的陶瓷制品，它具有产量大，可连续生产的优点，但其有机物含量高、脱脂工艺时间长、金属模具易磨损、造价较高。

早期的注射成型主要用于制备氮化硅、碳化硅涡轮转子、叶片和滑动轴承，而近年来，又被用于批量生产光纤连接器用四方ZrO_2陶瓷插芯，其外径为2.5 mm，内孔直径仅为125 μm。

1. 注射成型的坯料制备

注射成型的坯料是由陶瓷粉料和黏结剂、润滑剂、增塑剂等添加剂构成。将上述组分按比例配料加热混合，干燥固化后进行粉碎造粒，得到可塑化的粒状坯料。通常添加剂的含量（质量分数）在20%~30%，添加剂含量升高，有利于成型，但烧结收缩加大，易于产生气泡或开裂现象。

2. 注射成型工艺

注射成型工艺流程如图2-1所示，主要包括以下几个环节：①配料与混炼，将陶瓷粉料和添加剂在一定温度下均匀混炼；②造粒，即混炼后的块状或片状混合料，经粉碎或挤出切割成颗粒状；③注射充模，颗粒状粉料在注射机的料筒中加热熔融，并高速注入模具中，待冷却凝固得到陶瓷坯体后，再脱模；④脱脂，通过加热或其他方法，将坯体内有机物排除，得到陶瓷素坯，即可进行烧结。

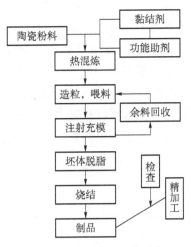

图 2-1　注射成型工艺流程

2.3　流法成型

流法成型是使坯料形成流动态的浆料，利用其流动性质来形成特定形状的工序过程，这类成型方法有注浆成型、流延成型、热压铸成型、凝胶注模成型等。

2.3.1　注浆成型

注浆成型是将浆料注入多孔石膏模具中，利用石膏的吸水性使浆料中的水分向石膏模壁渗透，待坯体固化且具有一定强度后脱模。这种方法的突出优点是采用廉价的石膏模具，设备简单、成本低，适合复杂形状的陶瓷制品，而且成型工艺控制方便、产品致密度高。

浆料制备是将陶瓷粉料、水、添加剂按照一定比例放入球磨机进行球磨处理，经过滤、真空脱气，得到固相含量较高且具有良好流动性的浆料。浆料制备过程中需要控制陶瓷粉料粒度、添加剂、pH 值和浆料黏度。

陶瓷粉料大多采用微米级或亚微米级细粉，当然也不宜太细，否则浆料调制困难，浇注时渗透性差、固化慢；工程结构陶瓷粉料都是瘠性的，必须加入有效添加剂以获得稳定的浆料，这些添加剂包括黏结剂、分散剂、反絮凝剂等；通过控制浆料的 pH 值，使其具有较大的 ζ 电位，有利于制备稳定的浆料；浆料黏度必须低到能够充满模具，但固相含量也必须高到能实现合理的浇注速率。

目前，无论是氧化物如 Al_2O_3、ZrO_2、莫来石，还是非氧化物 SiC、Si_3N_4 等；无论是在实验室中的小批量实验，还是企业的规模化生产都可采用注浆成型，还有许多高性能耐火材料产品也广泛使用注浆成型。

2.3.2　流延成型

流延成型是目前一种比较成熟、能够获得高质量超薄瓷片的成型方法，它具有连续操

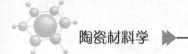

作、自动化水平高、工艺稳定、生产效率高、产品性能一致等优点，被广泛用于生产独石电容器瓷片、多层布线瓷片、厚薄膜电路用 Al_2O_3 基片、高热导率 AlN 陶瓷基板等。

流延成型工艺流程如图 2-2 所示，它是将具有合适黏度和良好分散性的陶瓷浆料从流延机浆料槽刀口处流至基带上，通过基带与刮刀的相对运动使浆料铺展，在表面张力的作用下形成具有光滑上表面的坯膜。坯膜随基带进入烘干室使溶剂蒸发、黏结剂在陶瓷粉料间形成网络结构，最后获得具有一定强度和柔韧性的坯片，干燥的坯片与基带剥离后，经切割、冲片或打孔以获得需要的形状，最后经过烧结得到陶瓷制品。

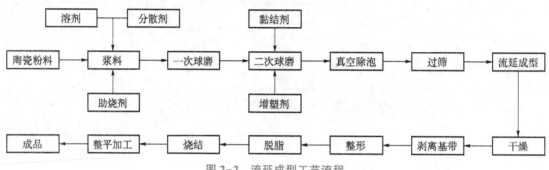

图 2-2　流延成型工艺流程

2.3.3　热压铸成型

与前两种流法成型不同的是，热压铸成型并不使用溶剂，而是利用石蜡的高温流变特性，进行压力下的铸造成型，主要用于制造电真空领域和纺织领域用的 Al_2O_3 陶瓷零部件、滑石质绝缘制品等。

热压铸成型过程是：将陶瓷粉料和石蜡等制成浆料，加热至一定温度熔化后，在压缩空气的作用下使熔融状态的浆料迅速充满模具，保压冷凝后脱模即可得到坯体。

热压铸成型浆料含蜡量高、成型压力低，容易出现产品密度偏低、排蜡时间长等问题。但是，热压铸成型具有成型坯体尺寸准确、光洁度高，且设备价廉、模具磨损小、操作方便、生产效率高等优点，因此实用性较强。

2.3.4　凝胶注模成型

凝胶注模成型是在陶瓷浆料中加入一定量的有机单体、交联剂、引发剂和催化剂，经球磨混合至均匀分散后注入模具中，置于 40~80 ℃环境中，引发有机单体聚合形成三维网络凝胶结构，从而使浆料原位凝固成型为坯体，经脱模干燥后进行机械加工，或直接脱脂后烧结。

凝聚注模成型可用于制造 Al_2O_3 陶瓷基片、ZrO_2 陶瓷刀具、玻璃窑用的盖板砖、闸板砖等大尺寸厚实熔融石英制品，以及边长近 800 mm 的多晶硅熔炼用坩埚。凝胶注模成型的突出优点有：①成型周期短，湿坯和干坯强度高；②工艺过程和操作较为简便，设备简易、成本低；③有机物加入量较少，容易通过脱脂除去。

2.3.5 直接凝固注模成型

直接凝固注模成型是采用生物酶催化陶瓷浆料内部发生化学反应，从而改变浆料的 pH 值，降低双电层排斥力，使得浆料由液态向固态转化即成为陶瓷坯体。该技术成型过程中不需要或只需要少量的有机添加剂，所有坯体不需要脱脂就能直接烧结，并且坯体结构均匀、相对密度高，可成型精度高、形状复杂的陶瓷部件。

直接凝固注模成型中常用的反应物是尿素，对应的催化剂是脲酶，脲酶催化尿素水解，改变浆料 pH 值，降低双电层排斥力，实现陶瓷浆料的固化成型。

2.3.6 固体无模成型

固体无模成型是直接利用计算机 CAD 设计结果，将复杂的三维立体构件经计算机软件切片分割处理，形成计算机可执行的像素单元文件；然后经外部设备把陶瓷粉料快速形成实际的像素单元，通过一个一个单元叠加打印成型出所需要的三维立体坯体。常见的固体无模成型方法有熔融沉积成型、喷墨打印成型、三维打印成型、分层实体成型、激光选区烧结成型、立体光刻成型等。

与传统成型方法相比，固体无模成型的特点有：①成型过程中无须任何模具，过程更加集成化，制造周期缩短、效率较高；②成型几何形状及尺寸可通过计算机软件处理，无须设计新模具；③由于外部成型打印像素单元尺寸可小至微米级，因此可制备生命科学领域的微型电子陶瓷器件。

第3章 陶瓷烧结

陶瓷素坯是由许许多多单个固体颗粒所组成的，坯体中含有大量气孔，在高温加热过程中，素坯中的颗粒发生物质迁移，坯体发生收缩，出现晶粒长大，伴随着气孔排除，最终在低于熔点温度下变成致密的多晶陶瓷材料，其显微结构是由晶相、玻璃相和气孔组成。陶瓷烧结（后文简称为烧结）是陶瓷生产过程中的一个重要工序，它直接影响陶瓷的显微结构和性能。因此，本章主要介绍烧结的基本特征、烧结的机制、烧结过程中的晶粒生长、烧结的影响因素以及烧结方法，这对调控陶瓷性能具有重要的实际意义。

3.1　烧结的基本特征

3.1.1　烧结的特点

烧结过程中的主要物理过程包括：颗粒间接触面积扩大；颗粒聚集；颗粒中心距逼近；逐渐形成晶界；气孔形状变化；体积缩小；连通气孔变成孤立的气孔并逐渐缩小，最后大部分或全部气孔从陶瓷坯体中排除。

同时，随着这些物理过程的进展，陶瓷烧结体宏观上表现出坯体收缩、气孔率下降、致密度提高、强度增大等变化。

3.1.2　烧结的驱动力

烧结的驱动力是陶瓷坯体的表面能减小，烧结过程由陶瓷坯体的低能量晶界能取代高能量的粉末表面能。

例如，Cu 粉颗粒的半径为 $r=10^{-4}$ cm，表面张力 $\gamma=1.5$ N/m，摩尔体积 $V=7.1$ cm^3/mol。因此根据拉普拉斯公式，可计算粉体表面的附加压力 $\Delta p=2\gamma/r=3\times10^6$ N/m^2，由此引起的自由能变为

$$\Delta G = V\Delta p = 21.3 \text{ J/mol} \tag{3-1}$$

因此，烧结过程中由表面能而引起的驱动力非常小，在室温下不能自发进行，而是需要在高温下进行烧结。

3.1.3　烧结模型

在过去的半个世纪，许多学者在研究各种类型的烧结特点及其动力学基础上，建立了相应的烧结模型，而这些烧结模型都是基于固体颗粒或晶粒和气孔的形状与尺寸变化而建立的。Kuczynski 提出孤立的两个颗粒或颗粒与平板的烧结模型，这为研究烧结机理开拓了新方法。图 3-1 是三种烧结模型，即中心距不变的双球模型、中心距缩短的双球模型、球与平板的模型。

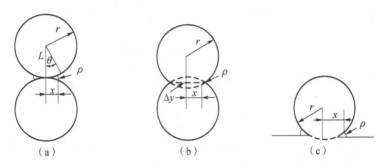

图 3-1　三种烧结模型

(a) 中心距不变的双球模型；(b) 中心距缩短的双球模型；(c) 球与平板的模型

以上三种烧结模型一般适用于烧结初期，随着烧结的进行，在烧结中、后期适用其他模型。描述烧结速率时一般用烧结收缩率 $\Delta L/L$ 表示，其中两球之间的距离为 $L=2r$，中心距缩短的距离为 ΔL。在中心距不变的双球模型〔见图 3-1(a)〕中，烧结收缩率 $\Delta L/L=0$，而在中心距缩短的双球模型〔见图 3-1(b)〕中，烧结收缩率为

$$\frac{\Delta L}{L} = -\frac{x^2}{4r^2} \tag{3-2}$$

式中，负号表示烧结是一个体积收缩的过程。

3.2　烧结的机制

烧结根据是否产生液相分为固相烧结和液相烧结，对于离子键结合的许多烧结活性好的氧化物粉末，如 Al_2O_3、ZrO_2 可实现固相烧结；对于共价键为主的非氧化物陶瓷，如 Si_3N_4、SiC、AlN、B_4C 等通常要加入适量的烧结助剂，通过形成液相来实现致密烧结。固相烧结的主要传质方式有蒸发—凝聚传质和扩散传质两种，而液相烧结的传质方式有流动传质和溶解—沉淀传质两种。

3.2.1　蒸发—凝聚传质

在高温烧结过程中，由于颗粒表面曲率不同，必然在系统的不同部位存在不同的蒸气压，此时可以通过蒸发—凝聚方式进行传质，这种过程仅在蒸气压较大的系统内进行，

如氧化铅、氧化铍和氧化铁的烧结，此时的烧结驱动力是蒸气压差。蒸发—凝聚传质模型如图 3-2 所示，根据开尔文公式可知，物质将从蒸气压高的凸形颗粒表面蒸发，通过气相传递而凝聚到蒸气压低的凹形颈部，从而使颈部被填充。

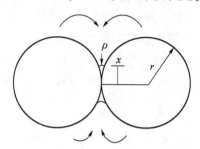

图 3-2　蒸发—凝聚传质模型

根据图 3-2 可知，球形颗粒表面与颈部之间的开尔文关系式为

$$\ln \frac{p_1}{p_0} = -\frac{\gamma M}{d\rho RT} \tag{3-3}$$

式中，p_1 是颈部的蒸气压；p_0 是颗粒表面的蒸气压；γ 是表面张力；d 是密度；M 是摩尔质量；ρ 是颈部曲率半径；R 是普适气体常数；T 是温度。

由于压力差 $\Delta p = p_1 - p_0$ 非常小，因此

$$\ln \frac{p_1}{p_0} = \ln \left(1 + \frac{\Delta p}{p_0} \right) \approx \frac{\Delta p}{p_0} \tag{3-4}$$

结合烧结模型的几何关系，可以得到球形颗粒颈部生长速率为

$$\frac{x}{r} = \left(\frac{3\sqrt{\pi}\,\gamma\,M^{3/2}\,p_0}{\sqrt{2}\,R^{3/2}\,T^{3/2}\,d^2} \right)^{1/3} \cdot r^{-2/3} \cdot t^{1/3} \tag{3-5}$$

由式（3-5）可知，颈部生长速率与时间的 1/3 次方成正比，在烧结初期颈部生长比较显著，但随着烧结的进行，颈部生长很快就停止了。因此，这类传质过程不能通过延长烧结时间达到促进烧结的效果。从工艺控制考虑，粉末粒径越小、烧结温度越高，烧结速率越大。

蒸发—凝聚传质的特点是烧结时颈部区域扩大，颗粒形状改变为椭圆，气孔形状改变，但颗粒与颗粒之间的中心距不变，坯体不发生收缩，坯体密度不变。

3.2.2　扩散传质

大多数固体材料的高温蒸气压很低，烧结过程中更易于通过扩散进行传质。

在烧结开始阶段，在局部剪切应力和流体静压力作用下，颗粒间出现重新排列，从而使得坯体堆积密度提高，气孔率降低，坯体出现收缩，但晶粒形状没有变化。

扩散传质过程中，物质向气孔扩散，气孔作为空位源，空位进行反向扩散，最终使得颗粒中心距缩短，此时的烧结驱动力是空位浓度差。

在无应力的晶体内，空位浓度 C_0 是温度的函数，即

$$C_0 = \frac{n_0}{N} = \exp\left(-\frac{E_v}{kT} \right) \tag{3-6}$$

式中，N 是晶体内原子总数；n_0 是晶体内空位数；E_V 是空位生成能。

在颗粒接触区域和颈部区域由于有张应力和压应力的存在，此时形成空位所做的功为

$$E_V' = E_V \pm \sigma\Omega \tag{3-7}$$

在压应力区（接触点）：$E_V' = E_V + \sigma\Omega$；在张应力区（颈表面）：$E_V' = E_V - \sigma\Omega$。式中，$\sigma$ 是张应力或压应力；Ω 是空位形成附加功。

在压应力和张应力区域的空位浓度分别为

$$C_c = \exp\left(-\frac{E_V + \sigma\Omega}{kT}\right) = C_0 \exp\left(-\frac{\sigma\Omega}{kT}\right) \tag{3-8}$$

$$C_t = \exp\left(-\frac{E_V - \sigma\Omega}{kT}\right) = C_0 \exp\left(\frac{\sigma\Omega}{kT}\right) \tag{3-9}$$

若 $\sigma\Omega/kT \ll 1$，则

$$C_c = C_0\left(1 - \frac{\sigma\Omega}{kT}\right) \tag{3-10}$$

$$C_t = C_0\left(1 + \frac{\sigma\Omega}{kT}\right) \tag{3-11}$$

这说明颈部表面张应力区空位浓度高于颗粒内部，压应力区的颗粒接触区空位浓度最低，因此空位的扩散首先是从空位浓度最大的部位（颈部区）向浓度最低的部位（颗粒接触区）进行，其次是颈部向颗粒内部扩散。扩散传质的方向与空位扩散方向相反，即物质由颗粒接触区或颗粒内部不断地向颈部区迁移，达到填充气孔的结果。随着颈部填充和颗粒接触区物质迁移，出现了气孔的缩小和颗粒中心距逼近，宏观上表现为气孔率下降和坯体收缩。

根据烧结温度及扩散进行的程度，扩散传质过程可分为烧结初期、烧结中期和烧结后期三个阶段。

1. 烧结初期

烧结初期，陶瓷坯体主要发生颈部生长，并伴随着 3%～5% 的收缩和致密化，此时仍存在大量的连通气孔，表面扩散使得孔隙表面光滑及气孔球形化。过程中颈部生长速率为

$$\frac{x}{r} = \left(\frac{40\pi\gamma\, a^3 D^*}{kT}\right)^{1/5} \cdot r^{-\frac{3}{5}} \cdot t^{\frac{1}{5}} \tag{3-12}$$

式中，γ 是表面张力；D^* 是自扩散系数；a^3 是扩散空位的原子体积；t 是烧结时间。

由式（3-12）可知，颈部生长速率与烧结时间的 1/5 次方成正比，即致密化速率随时间延长而下降，并达到终点密度，因此不能通过延长烧结时间来提高坯体致密化；原料起始粒度在烧结过程中相当重要，小颗粒原料能够获得更高的致密化速率；烧结温度对烧结过程有决定性作用，温度升高可大幅度加快烧结的进行。

2. 烧结中期

烧结中期，颈部进一步长大，气孔由不规则形状逐渐变成由三个颗粒包围的圆柱形管道，气孔相互连通，晶界开始移动，晶粒正常生长。这一阶段以晶界扩散和晶格扩散为主，坯体致密化程度达到理论密度的 90%，气孔率降低到 5%。

烧结中期坯体气孔率 P_c 随烧结时间 t 变化的关系式为

$$P_c = \frac{10\pi\gamma\, a^3 D^*}{KT\, l^3}(t_f - t) \tag{3-13}$$

式中，l 是圆柱形气孔的长度；t_f 是烧结进入中期的时间；K 是烧结速率常数。

由式（3-13）可知，烧结中期气孔率与时间 t 成一次方关系，说明此时致密化速率较快。

3. 烧结后期

烧结后期，气孔已经完全孤立，气孔位于四个晶粒包围的顶点，晶粒已明显长大，坯体收缩达到 90%~100%。烧结后期气孔率 P_t 为

$$P_t = \frac{6\pi\gamma\, a^3 D^*}{\sqrt{2}\, KT\, l^3}(t_m - t) \tag{3-14}$$

式中，t_m 是气孔消失时的时间。

由式（3-13）和式（3-14）可知，烧结中期和烧结后期并无显著差异，气孔率均随着烧结时间而线性降低。

3.2.3 流动传质

在高温下依靠黏性液体（液相）流动而致密化是大多数硅酸盐材料烧结的主要传质过程。

1. 黏性流动传质

在液相烧结时，由于高温下黏性液体出现牛顿型流动而产生的传质称为黏性流动传质，或黏性蠕变传质。

在固态烧结时，晶体内的晶格空位在应力作用下发生定向流动而引起的形变称为黏性蠕变。黏性蠕变过程中，整排原子沿着应力方向扩散，其扩散路程为 0.01~0.1 μm，即晶界区域或位错区域。然而，当烧结体内出现液相时，扩散系数比固态烧结时高几个数量级，这使得整排原子发生移动甚至整个颗粒发生形变。

黏性流动传质过程的烧结速率为

$$\frac{d\theta}{dt} = \frac{3}{2}\frac{\gamma}{r\eta}(1-\theta) \tag{3-15}$$

式中，θ 是相对密度；η 是液相黏度；γ 是表面张力；r 是颗粒起始粒径。

由式（3-15）可知，黏性流动传质过程中，决定烧结速率的主要参数有颗粒起始粒径、液相黏度和表面张力。

2. 塑性流动传质

当坯体液相含量很少时，高温下流动传质不能看成是牛顿型流体，而是属于塑性流体，即只有作用力超过屈服值 f 时，流动速率才与剪应力成正比。此时的烧结速率为

$$\frac{d\theta}{dt} = \frac{3}{2}\frac{\gamma}{r\eta}(1-\theta)\left[1 - \frac{fr}{\sqrt{2}\gamma}\ln\left(\frac{1}{1-\theta}\right)\right] \tag{3-16}$$

由式（3-16）可知，f 值越大，烧结速率越低。为了尽可能达到致密烧结，应选择最小的 r、η 和较大的 γ。

固相烧结时也存在塑性流动传质。在烧结早期，表面张力较大，塑性流动靠位错运动来实现；到了烧结后期，在低应力下靠空位自扩散而形成黏性蠕变，高温时蠕变以滑移或攀移来完成。

3.2.4　溶解—沉淀传质

在液相参与的烧结中，当固相在液相中有可溶性，这时烧结传质过程就由部分固相溶解而在另一部分固相上沉积，直至晶粒长大和获得致密烧结体。发生溶解—沉淀传质的条件有：①显著数量的液相；②固相在液相内有显著的可溶性；③液相润湿固相。

溶解—沉淀传质有三个基本过程：首先，随着烧结温度升高，出现足够多的液相，分散在液相中的固体颗粒在毛细管力的作用下重新排列，改善颗粒堆积密度；接着，薄的液膜分开的颗粒之间搭桥，在那些点接触处有高的局部应力导致塑性变形和蠕变，促进颗粒进一步重排；最后，较小颗粒或颗粒接触点处溶解，通过液相传质，并在较大的颗粒或颗粒的自由表面上沉积，从而出现晶粒长大和晶粒形状变化，同时颗粒不断进行重排而致密化。

第一阶段，即在烧结温度最小的那些固相颗粒完全溶解而使得大量颗粒重新排列，其线收缩与时间约呈线性关系，即

$$\frac{\Delta L}{L} \propto t^{1+y} \tag{3-17}$$

式中，指数 $y<1$。这是因为考虑到随着烧结的进行，被包裹的小气孔尺寸减小，作为烧结推动力的毛细管力增大，造成烧结时间的指数稍微大于1。

第二阶段为溶解—沉淀阶段，其驱动力是颗粒接触点处（或小晶粒）在液相中的溶解度大于自由表面（或大晶粒）处的溶解度，即溶解度差造成的化学势梯度。该过程中烧结收缩率为

$$\frac{\Delta L}{L} = \left(\frac{K\gamma\delta DC_0 V_0}{RT}\right)^{\frac{1}{3}} \cdot r^{-\frac{4}{3}} \cdot t^{\frac{1}{3}} \tag{3-18}$$

式中，K 是烧结常数；γ 是表面张力；D 是扩散系数；δ 是颗粒间液膜的厚度；C_0 是固相在液相中的溶解度；V_0 是液相的体积。

第三阶段为晶粒生长阶段，此时较小的颗粒溶解而较大的晶粒生长，被称为晶粒粗化或 Ostwald 生长。该过程的驱动力是界面自由能的下降。实验表明，平均晶粒随时间的生长公式为

$$G_t^m - G_0^m = Kt \tag{3-19}$$

式中，G_0、G_t 分别是初始晶粒尺寸及 t 时刻的晶粒尺寸；K 是与温度相关的常数；m 是与速率控制机理有关的指数，当液相扩散控制时 $m=3$，而当界面反应控制时 $m=2$。

3.3　烧结过程中的晶粒生长

3.3.1　晶粒的正常生长

在烧结的中、后期，晶粒要逐渐长大，同时也伴随着一部分晶粒缩小或消失，其结果是平均晶粒尺寸增长了。这种晶粒长大不是小晶粒的相互黏结，而是晶界移动的结果。在晶界

两边物质的吉布斯自由能差是使界面向曲率中心移动的驱动力。

图 3-3 是晶粒生长过程中晶界运动及能量状态变化。弯曲晶界两侧的原子具有不同的自由能,图中原子 A 的自由能高于原子 B 的自由能,因此原子 A 就可能越过晶界而进入原子 B 所在的晶粒,此时晶界却向着原子 A 所在的晶粒迁移,这样原子 B 所在的晶粒将长大,而原子 A 所在的晶粒将缩小。

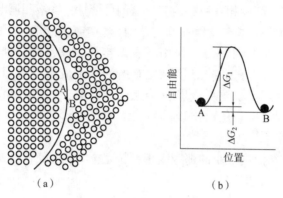

图 3-3　晶粒生长过程中晶界运动及能量状态变化
(a) 晶界运动;(b) 原子越过晶界的能量变化

当陶瓷中气孔及杂质在晶界上偏析形成第二相时,它们对晶界运动产生牵制作用,从而抑制晶粒的长大。此时第二相夹杂物可能有这几种情况:①与界面一起移动,阻碍很小;②与界面一起移动,界面速率由夹杂物迁移率控制;③很难移动,以致界面从夹杂物上拉开。这些情况取决于界面驱动力、界面迁移率及夹杂物颗粒迁移率的相对数据。

在多晶陶瓷的烧结过程中,气孔是几乎一直存在的第二相。在烧结初期,当界面曲率和界面迁移驱动力高时,晶界以较快的速率运动,使得气孔来不及抵达晶界而保留在晶粒内;随着烧结的进行,晶粒继续长大,晶界的曲率与晶界运动的驱动力逐渐减小,晶粒内的气孔通常可以抵达晶界,并与界面一起迁移,逐渐聚集在晶粒角落上,如三叉晶界或四叉晶界上。

3.3.2　晶粒的异常生长

晶粒的异常生长也称为二次再结晶,或不连续的晶粒生长,其特征是少数较大的晶粒迅速长大而成为大晶粒,其尺寸远高于晶粒平均尺寸。二次再结晶的驱动力是大晶粒表面能与其邻近小晶粒表面能之差,在表面能的驱动下,大晶粒界面向曲率半径小的晶粒中心推进,造成大晶粒进一步长大与小晶粒的消失。

当晶粒出现异常长大时,这些过大的晶粒内往往含有大量的气孔,这些气孔难以再由晶粒内抵达晶界而排除,因此,晶粒异常长大使得多晶陶瓷难以达到较高的密度,材料的许多性能将恶化。

要想使得多晶陶瓷在烧结时保持正常的晶粒生长,避免晶粒的异常长大,必须注意以下几个方面:①原始粉料尺寸分布窄,颗粒大小均匀;②粉料的团聚应充分打碎分散,成型的素坯各部分密度与成分要均匀;③掺入的外加剂及烧结气氛要合理,以保证正常的烧结速率;④严格控制烧结的最高温度和保温时间。

3.4　烧结的影响因素

3.4.1　原始粉料的粒度

无论在固相烧结还是液相烧结中，由于细颗粒增加了烧结的推动力，缩短了原子扩散距离，提高了颗粒在液相中的溶解度，因此使烧结过程加速。

从防止二次再结晶角度考虑，起始粒径必须小而均匀，如果细颗粒中存在少量大颗粒，则易于发生晶粒的异常生长而不利于烧结。

3.4.2　烧结助剂

在固相烧结中，烧结助剂可与主晶相形成固溶体，使主晶相晶格畸变、缺陷增加，便于结构基元移动而促进烧结；烧结助剂与主晶相形成液相，传质速率增加，因而降低了烧结温度，提高了坯体的致密度；烧结助剂与主晶相形成化合物，抑制晶型转变，使致密化易于进行；烧结助剂阻止多晶转变，使致密化易于进行；烧结助剂可以扩大烧结温度范围，给工艺控制带来方便。

值得注意的是，烧结助剂只有外加量适当时才能促进烧结，如不恰当地选择外加剂或加入量过多，反而会阻碍烧结。

3.4.3　烧结温度与时间

提高烧结温度无论对固相扩散还是对溶解—沉淀等传质都是有利的，但是单纯提高烧结温度不仅增加成本，而且还会促进二次再结晶而使材料性能恶化。在液相烧结中，若温度过高，则液相量增加，黏度下降而导致制品变形。

烧结时间对陶瓷性能影响很大，如果低温时间较长，不仅不会引起致密化反而会因表面扩散改变了气孔的形状而给材料性能带来损害。因此，理论上应尽可能快地从低温升到高温以创造体积扩散条件，而高温短时间烧结有利于提高陶瓷的致密性。

3.4.4　盐类的选择及煅烧条件

在通常条件下，原始配料是以盐类形式加入，经过加热后以氧化物形式发生烧结。盐类具有层状结构，当其分解时，这种结构往往不能完全被破坏。原料盐类与生成物之间若保持结构上的关联性，那么盐类的种类、分解温度和时间将影响烧结氧化物的结构缺陷和内部应力，从而影响烧结速率与材料性能。

3.4.5　烧结气氛

烧结气氛一般分为氧化、还原和中性三种，这对烧结的影响是很复杂的。一般来说，在由扩散控制的氧化物烧结中，烧结气氛的影响与扩散控制因素、气孔内气体的扩散和溶解能力有关。

3.4.6　成型压力

一般来说，成型压力越大，颗粒间接触越紧密，对烧结越有利。但若压力过大，使粉料超过塑性变形限度，就会发生脆性断裂。

3.5　烧结方法

3.5.1　常压烧结

常压烧结，又称无压烧结，是指在正常压力下（101.325 kPa），使具有一定形状的疏松陶瓷坯体经过一系列物理化学过程而变成致密、坚硬、体积稳定、具有一定性能的烧结体。常压烧结是陶瓷材料烧结工艺中最简便、最常用的一种烧结工艺。

常压烧结的驱动力是陶瓷粉体表面自由能的变化，其影响烧结的主要因素有：素坯的密度、烧结工艺参数，包括烧结气氛、升温速度、烧结温度、保温时间等。一般来说，提高原始粉料细度、素坯密度，有利于获得接近理论密度的陶瓷制品，烧结温度过高、保温时间过长，都会引起二次再结晶或大量液相的形成，导致材料性能下降。

所谓常压，是相对于"热压"和"气氛加压"而言，即烧结过程是在没有外加驱动力的情况下进行的，因此常压烧结得到无气孔的接近理论密度的陶瓷制品是非常困难的。但因其工艺简单、成本低廉、对烧结设备无特殊要求，故适于批量生产。

3.5.2　热压烧结

热压烧结是在高温烧结过程中，对坯体施加足够大的机械作用力，达到促进烧结的目的。对于常压下难以烧结的材料，如 Si_3N_4、SiC、cBN、Al_2O_3 等，都可以通过热压工艺很好地烧结。

与常压烧结相比，热压烧结能够降低烧结温度，缩短烧结时间，获得细晶粒的陶瓷材料。通常，热压烧结温度要比常压烧结低 200 ℃ 或更多，在其晶粒很少生长的情况下获得接近理论密度的致密陶瓷制品。

例如，BN 粉末在 2 500 ℃ 下进行常压烧结后，其相对密度为 66%，而采用 25 MPa 压力在 1 700 ℃ 下进行热压烧结后，相对密度高达 97%。常压烧结的驱动力是粉体的表面能，当粉体粒度为 5～50 μm 时，这种驱动力为 0.1～0.7 MPa，而热压烧结所加的压力为 10～15 MPa，比常压烧结时的驱动力高 20～100 倍。

热压烧结工艺的不足之处主要有：①只能用于制备形式简单和扁平的制品；②一次烧结的制品数量有限；③成本较高。

3.5.3　热等静压烧结

热等静压烧结是以高压气体作为介质作用于陶瓷，使其在加热过程中经受各向均衡的压力，在高温高压同时作用下使材料致密化的烧结工艺。

热等静压烧结不需要刚性模具传递压力，因此，其不受模具强度的限制，可以选择更高的压力。典型的压力为 100~320 MPa，工作温度可高达 2 000 ℃，并向 2 600 ℃ 的超高温发展。

与常压烧结和热压烧结相比，热等静压烧结的优点主要有：①降低烧结温度和缩短烧结时间，防止二次再结晶和大量液相的产生；②减少或不使用烧结助剂，减少晶界玻璃相的生成，显著提高陶瓷高温强度、耐腐蚀性和抗蠕变性；③能制备复杂形状制品。

3.5.4　气氛压力烧结

气氛压力烧结（气压烧结）是指陶瓷在高温烧结过程中，施加一定的气体压力，通常是 N_2，以便抑制高温下陶瓷的分解和失重，从而提高烧结温度，促进材料致密化，最终获得高密度的陶瓷制品。

该方法主要用于高性能 Si_3N_4 陶瓷的烧结，它利用高的 N_2 压力来抑制 Si_3N_4 的分解，使之能在较高温度下获得高致密度的 Si_3N_4 陶瓷。

与热压烧结、热等静压烧结相比，气氛压力烧结最大的优势是以较低成本制备性能较好、形状复杂的陶瓷制品，能实现批量化生产。

3.5.5　等离子体烧结

等离子体烧结是利用等离子体所特有的高温、高焓使陶瓷素坯快速烧结成陶瓷的一种新工艺。等离子体装置可用于短时间、低温、高压烧结，也可用于低压、高温烧结，因此适合陶瓷、复合材料及梯度材料的烧结制备。

等离子体烧结技术的优势非常明显，升温速度快、烧结温度低、烧结时间短、效率高，烧结产品的显微结构细小均匀，可获得高致密度的材料。与热压烧结和热等静压烧结相比，等离子体烧结操作简单便捷。然而，等离子体加热速度快，造成陶瓷制品易开裂。

3.5.6　微波烧结

微波烧结是利用陶瓷素坯吸收微波能，在材料内部整体加热至烧结温度而实现致密化的烧结工艺。它的加热是微波电磁场与材料的相互作用，使材料表面和内部同时受热，这样材料内部热量梯度小，避免了传统加热方式的外部传热引起的热应力和热冲击。

微波烧结的优点主要有：①升温速度快，可实现陶瓷的快速烧结和晶粒细化；②整体均匀加热，内部温度场均匀，显著改善材料的显微结构；③微波烧结不存在热惯性，烧结周期短；④微波加热不需要发热元件和绝热材料；⑤高效节能，转化效率高达 80%~90%。不足

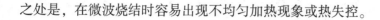

之处是，在微波烧结时容易出现不均匀加热现象或热失控。

3.5.7　自蔓延高温合成烧结

陶瓷粉体的合成大多是放热反应，因此它不能在常温下进行而是需要极大的活化能。自蔓延高温合成烧结是通过提供必要的能量诱发放热化学反应体系，发生局部化学反应，此化学反应在自身放出热量的支持下以燃烧波的形式蔓延至整个体系，同时反应物转化为所需材料。

由于合成过程存在极大的温度梯度，生成物存在大量的缺陷和非平衡相，因此要得到致密的陶瓷制品，还必须将自蔓延高温合成烧结与致密化工艺结合起来。与热压烧结和热等静压烧结相比，自蔓延高温合成烧结充分利用材料合成中的化学能，而无须外界提供大量能量，节约能源；由于合成温度较高，使得大部分杂质挥发，从而提高了材料的纯度。

第 4 章　陶瓷釉料

　　釉，是覆盖在陶瓷坯体表面的一层近似玻璃态的物质。无釉陶瓷制品通常会存在表面粗糙无光、易吸湿、易沾污、易侵蚀等弱点，即使烧结程度很高，也会影响其美观、卫生及机电性能。当在坯体表面上施敷一层玻璃态釉层时，可使制品获得有光泽、坚硬、不吸水的表面，不仅可以改善陶瓷制品的光学、力学、电学、化学等性能，还能提高实用性和艺术性，因此在坯体表面施釉是非常有必要的。本章将阐述陶瓷釉料（本书后文简称为釉）的分类、性质、原料与配制，以及制备，并介绍一些常见的陶瓷色釉料。

4.1　釉的分类

　　釉的种类繁多，目前没有统一的分类方法，现仅介绍几种常见的分类方法。

4.1.1　按照烧成温度分类

1. 低温釉
烧成温度低于 1 150 ℃。
2. 中温釉
烧成温度介于 1 150～1 250 ℃。
3. 高温釉
烧成温度高于 1 250 ℃。

4.1.2　按照烧成后的釉面特征分类

　　按照烧成后的釉面特征，釉可分为透明釉、乳浊釉、结晶釉、无光釉、碎纹釉和颜色釉等。

4.1.3　按照制备方法分类

1. 生料釉
生料釉是直接将全部原料加水，制备成釉浆。

2. 熔块釉

熔块釉是将配方中的一部分原料预先熔融制成熔块，然后再与其余原料混合研磨制成釉浆。与其余原料混合研磨的目的是消除水溶性原料及有毒原料的影响。

3. 盐釉

盐釉是在煅烧至临近烧成温度时，向燃料室投入食盐、锌盐等，使之升华并在坯体表面形成一层薄薄的釉层。

4.1.4　按照主要熔剂或碱性组分的种类分类

1. 长石釉

长石釉的主要熔剂是长石质矿物，釉中 K_2O 与 Na_2O 的总摩尔分数大于 0.5。长石釉的特点是硬度较大，光泽较强，略带乳白色，富有柔和感，熔融温度范围较宽，与高硅质坯体结合良好。

2. 石灰釉

石灰釉的主要熔剂是钙的化合物，釉中 CaO 的总摩尔分数大于 0.5。石灰釉的特点是弹性好，富有刚性感，与高铝质坯体结合较好，透光性强，对釉下彩的显色非常有利。但熔融温度范围较窄，还原气氛烧成时易引起烟熏。

3. 镁质釉

为了克服石灰釉熔融温度范围窄、烧成难以控制的缺点，在石灰釉中引入白云石和滑石，使釉中 MgO 的总摩尔分数大于 0.5，这种釉称为镁质釉。镁质釉的特点是熔融温度范围宽，对坯体适应性强，膨胀系数小，不易出现开裂，对气氛不敏感，不易发生烟熏，有利于白度和透光性的提高，但釉浆易沉淀，与坯体黏着力差，烧成后釉面光亮度不及石灰釉。

4. 其他釉

若釉中某两种碱性成分含量明显高于其余碱性成分，该釉即可以两种成分相称。例如，CaO 和 MgO 的总摩尔分数大于 0.7 时，可称为石灰镁釉。此外还有锌釉、铅釉、石灰锌釉等。

4.2　釉的性质

4.2.1　釉的熔融温度

釉与一般的硅酸盐玻璃类似，在高温的作用下，从开始软化到完全熔融成可流动的液体，要经历一定的温度范围。圆柱体试样受热至形状开始变化、棱角变圆的温度称为始熔温度；试样变成半圆球的温度称为全熔温度；试样流散开来，高度降至原有的1/3时的温度称为流动温度。由始熔温度至流动温度称为釉的熔融温度范围。通常把半圆球温度（即全熔温度）作为釉烧成温度的指标，此时釉可以充分熔融并且平铺在坯体表面，形成光滑的釉面。

釉的熔融性能直接影响产品的质量，若始熔温度低，熔融温度范围过窄，则釉面易出现气泡、针孔等缺陷。釉的熔融温度与釉的化学组成、细度、混合均匀程度、烧成温度和时间等有着密切的关系。

4.2.2　釉的黏度和表面张力

釉在熔融状态下的黏度是判断釉流动情况的尺度。在烧成温度下，釉的黏度过小则容易造成流釉、堆釉和干釉等缺陷。釉的黏度过大，则易引起橘釉、针眼、釉面不光滑、光泽不好等缺陷。流动性适当的釉能有效填补坯体表面的一些凹坑，并有利于中间层的形成。

影响釉黏度的最重要因素是釉的组成和烧成温度，随着釉的 O/Si 比的增加，黏度随之下降。在一定范围内，碱金属氧化物含量增大时釉的黏度下降，其降低能力顺序是 $Li_2O>Na_2O>K_2O$，但加入量超过 30% 时，降低能力的顺序则是 $K_2O>Na_2O>Li_2O$。CaO 在高温时会降低黏度，而在低温时会急剧地缩小黏度增长的温度范围。MgO 可以使釉在高温时具有较高的黏度，但影响比 Al_2O_3 小。其他正二价金属氧化物如 ZnO、PbO 等对黏度的影响与 CaO 基本相同。B_2O_3 对釉黏度影响比较特殊，当加入量小于 15% 时，B_2O_3 处于 ［BO_4］ 状态，黏度随 B_2O_3 含量增加而增加；超过 15% 时又起降低黏度的作用。黏度一般随着烧成温度的升高而降低。一般釉熔融时的黏度为 $10^2 \sim 10^3 \, Pa \cdot s$。

釉的表面张力对釉的外观质量影响很大。表面张力过大，阻碍气体的排除，使釉在高温时对坯体的润湿性不好，造成缩釉（滚釉）缺陷；表面张力过小，则容易造成流釉，并使釉面小气泡破裂时所形成的小针孔难以弥合。

釉的表面张力随着碱金属氧化物的加入而明显降低，其降低能力的顺序是 $Li^+>Na^+>K^+>Rb^+>Cs^+$。二价离子与其相比降低能力较弱，其顺序是 $Mg^{2+}>Ca^{2+}>Ba^{2+}>Zn^{2+}>Cd^{2+}$。PbO 能明显降低釉的表面张力，$B_2O_3$ 也有较强的降低表面张力的能力。当有 Na^+ 存在时，SiO_2 降低釉的表面张力，Al_2O_3 则提高釉的表面张力。釉的表面张力随温度的升高而减小。

4.2.3　釉的弹性和热膨胀性

釉的弹性是能否消除釉层应力引起的缺陷的重要因素。弹性好的釉可使坯釉适应性增强，即使加热和冷却速度在一定程度上加快也不会使釉面产生缺陷。釉层的弹性与其内部组成单元之间的键强有直接关系。

釉的弹性可用弹性模量来表征，弹性模量小，则弹性大；反之则弹性小。碱土金属氧化物能提高弹性模量，提高最明显的是 CaO；碱金属氧化物则降低弹性模量。B_2O_3 含量在 12% 以内时，含量增加则提高弹性模量；高于 12% 时，含量增加则降低弹性模量。冷却时析出晶体的釉，其弹性模量的变化取决于晶体的尺寸和均匀分布的程度。均匀分布的细小析晶有利于提高釉的弹性。一般情况下釉的弹性会随温度升高而降低。釉层愈薄则弹性愈大。

釉层受热膨胀的主要原因是温度升高时构成釉层网络质点热振动的振幅增大。这种由于热振动而引起的膨胀，其大小取决于离子间的键力。键力愈大则热膨胀愈小，反之则热膨胀愈大。釉的热膨胀性通常用一定温度范围内长度膨胀百分率或线膨胀系数来表示。

釉的线膨胀系数与其组成关系密切。SiO_2 是釉的网络形成体，有坚强的 Si—O 键，若其含量高，则釉的结构紧密，因此热膨胀小。含碱的硅酸盐釉中，引入的碱金属与碱土金属离子削弱了 Si—O 键或打断了 Si—O 键，使釉的热膨胀增大。一般来说，碱金属离子增大线膨胀系数的程度超过碱土金属离子。釉的线膨胀系数还与温度有关。

4.2.4 釉的硬度和光泽度

釉面的硬度主要取决于釉层化学组成、矿物组成及其显微结构。由于组成玻璃网络的 SiO_2、B_2O_3 会显著提高玻璃的硬度，因此，高硅釉层及含硼硅酸盐釉层硬度都大。硼反常现象和硼铝反常现象都会影响釉的硬度。用 B_2O_3 代替釉中的 SiO_2 时，若 B_2O_3 的含量小于 15%，随着 B_2O_3 的增加，釉的硬度不断增大；若 B_2O_3 的含量大于 15%，随着 B_2O_3 的增加，釉的硬度会明显降低。

若釉层析出硬度大的微晶，而且高度分散在整个釉面上，则釉的硬度会明显增加，尤其是析出针状晶体时，效果更为显著。一些研究结果表明，有助于提高釉面硬度的晶体是锆英石、锌尖晶石、镁铝尖晶石、金红石、莫来石、硅锌矿。从这个角度来说，乳浊釉及无光釉的耐磨性比透明釉高。

釉的光泽度是反映釉面平整光滑程度的指标。我国国家标准 GB/T 3295—1996《陶瓷制品 45°镜向光泽度试验方法》中规定，测定釉面光泽度时，用黑色平板玻璃作为标准板。釉面对黑玻璃平板的相对反射率（釉面反光量与黑玻璃板反光量之比）即为釉面的光泽度，用百分比表示。它可用光泽度仪测定。

釉层的光泽度与其折射率有直接的关系，折射率愈大，釉面的光泽度愈强。折射率与釉层密度成正比，因此，在其他条件相同时，精陶釉和彩陶釉中因含有 Pb、Ba、Sr、Sn 及其他重金属元素氧化物，所以，其折射率比瓷釉大，光泽度也强。凡能降低熔体表面张力，增加熔体高温流动性的成分，将有助于形成光滑的釉面，从而提高其光泽度。

4.2.5 坯釉适应性

坯釉适应性是指陶瓷坯体与釉层有相互适应的物理化学性质，使釉面不剥脱、不开裂的性能。釉层剥脱和开裂的根本原因是釉层所受的应力超过了釉层强度，所以，控制釉层应力是解决坯釉适应性问题的关键。控制釉层应力主要是控制坯和釉的线膨胀系数的差值。从理论上说，坯和釉的线膨胀系数相等时，釉层应力最小，但实际上是难以办到的。因为釉层的耐压强度总是高于抗张强度，所以，开裂的情况比剥脱更容易出现。因此，通常希望得到受一定压应力的釉层。受到压应力的釉层不易剥釉，而且还能抵消产品在使用时可能受到的部分张力，从而提高产品的机械强度和抗热震性。

当釉、坯组成不变时，釉层应力与其厚度密切相关。釉层过厚，压应力会变成张应力，甚至导致开裂。釉的弹性是缓和釉层应力的另一个因素。因此，生产中将釉的弹性调大一些，能减少产品的开裂。

4.3 釉的原料与配制

4.3.1 釉的原料

釉的原料种类有很多，既有长石、石英、黏土等天然矿物原料，又有不同类型的化工原料。但制釉一般至少需用两种原料，一种是瘠性原料如石英，另一种是助熔剂如长石、铅或硼砂。

最常用的原料有如下几种。

1. SiO$_2$

SiO$_2$除了由长石、黏土等硅酸盐原料提供外，主要是由石英原料满足。SiO$_2$是玻璃形成体氧化物，在绝大多数釉中，SiO$_2$含量占50%以上，它可以起到提高熔融温度、提高釉的黏度、增加釉对水溶性和化学侵蚀的抵抗能力、增加釉的机械强度和硬度、降低釉的线膨胀系数等作用。

2. Al$_2$O$_3$

Al$_2$O$_3$主要由黏土、高岭土提供，长石或瓷石也会引入一部分。Al$_2$O$_3$是网络中间体氧化物，在釉中所占比例非常小，它可以提高釉的黏度、硬度和抗压能力，还可以防止流釉。当Al$_2$O$_3$加入量增大时，可使釉面产生无光效果，甚至不熔。

3. 碱金属氧化物

K$_2$O、Na$_2$O、Li$_2$O等主要是由钾、钠长石和釉用瓷石引入的，K$_2$CO$_3$、Na$_2$CO$_3$、KNO$_3$等化工原料仅在某些熔块釉中部分采用，Li$_2$O还可以通过透辉石、锂云母、透锂长石等引入。碱金属氧化物均属网络变性体，在釉熔融过程中，起到断网的作用，能显著降低釉的熔融温度和黏度。

4. 碱土金属氧化物

CaO通常是由石灰石、方解石、大理石等钙质碳酸盐或硅灰石引入；MgO通常由菱镁矿、滑石、白云石或其他含镁的原料引入；BaO主要是由碳酸钡、硫酸钡等引入，但由于含钡原料有毒，很少采用。CaO、MgO属于二价网络变性体，是良好的高温助熔剂，它们能降低釉的线膨胀系数、提高釉面硬度、化学稳定性和机械强度，并能促进坯釉的良好结合。

5. ZnO

ZnO是由锌白引入的，它也是一种强助熔剂，能在较大范围内起到助熔作用，并可增加釉的光泽度，提高釉面白度，降低线膨胀系数，提高折射率，促进乳浊。由于ZnO在釉熔体中具有很强的结晶倾向，价格较高，因而在透明釉中引入不宜过多，一般控制在5%以下。

6. PbO

PbO主要是由铅丹、铅白等引入的，是最强的助熔剂，能与SiO$_2$和B$_2$O$_3$结合形成玻璃。它的作用是能显著增大釉的折射率，赋予釉面极好的光泽度，增加釉的抗张强度和弹性。但会大大降低釉面硬度，并需在氧化氛围下釉烧，因有毒性，其使用受到一定限制或必须制成熔块。

7. B$_2$O$_3$

B$_2$O$_3$主要是由硼酸、硼砂或含硼矿物引入的，是强助熔剂，适量引入釉中能显著降低釉的熔融温度，降低釉的线膨胀系数，增大釉对光的折射率，提高光泽度，提高釉面硬度和弹性。

8. 其他原料

在瓷釉中常用原料还有锆英石、骨灰、碳酸锶、瓷粉等。锆英石可提高釉面白度和耐磨性，增大釉面硬度和抗釉面龟裂；骨灰可提高釉面光泽度，并使釉面柔润；碳酸锶对降低釉的熔融温度、提高光泽度、扩大烧成范围有利；瓷粉可提高釉的熔融温度、降低釉的黏度、减少釉面针孔、提高白度。

此外，釉中常采用一些乳浊剂如SnO、TiO$_2$、锑化合物、氟化物、磷酸盐等，也使用一些着色剂以增加艺术感，如锰、铬、钴、镍、铜的氧化物等。

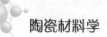

4.3.2 釉的配制原则

研究釉的配方往往是在坯的配方已经确定的基础上进行的，故应使釉适应坯，配釉时应遵守以下原则。

1. 釉的组成应适应坯体的烧成工艺性能

对一次烧成的坯体来说，釉的烧成温度应稍低于坯体烧结范围的上限，而且高温下能均匀地熔于坯体表面；釉的始熔温度应高于坯体中碳酸盐、硫酸盐和有机物的分解和挥发的温度，熔融温度范围也要求尽可能宽些，以减少釉面气泡或针孔。

2. 釉层的物理化学性质应与坯相适应

一般要求釉的线膨胀系数和弹性模量略小于坯，使釉层产生一定的压应力，并有较好的弹性，为了形成良好的中间层，应使坯与釉的化学性质相近而又有适当的差别。

3. 合理选择釉的原料

配釉通常既要用天然矿物原料，也要用化工原料，这主要是为了使釉层的性质很好地适应坯体的同时，又能调整好釉浆的性能。此外，在保证釉面质量的前提下，应使釉的成本尽可能低。

4.3.3 配料计算

配制釉的所用原料一般为较纯的矿物原料或工业生产的化工原料，为了简化计算过程，通常利用原料的理论组成获得近似的效果。

例如，配制下列釉式的各种原料的配料量：

$$\left.\begin{array}{l}0.3K_2O\\0.7CaO\end{array}\right\} \cdot 0.5Al_2O_3 \cdot 4.0SiO_2$$

解：计算步骤如表 4-1 所示。

表 4-1　釉式中原料的物质的量计算　　　　　　　　单位：mol

釉的组成	K_2O	CaO	Al_2O_3	SiO_2
	0.3	0.7	0.5	4.0
引入 0.3 mol 钾长石	0.3		0.3	1.8
余量引入 0.1 mol 生黏土	0	0.7	0.2	2.2
			0.1	0.2
余量引入 0.1 mol 煅烧黏土		0.7	0.1	2.0
			0.1	0.2
余量引入 0.7 mol 石灰石		0.7	0	1.8
		0.7		
余量引入 1.8 mol 石英		0		1.8
				1.8
余量				0

（1）采用钾长石来满足釉式中 K_2O 的需要。根据釉式可知需要 0.3 mol 的钾长石，同时釉中引入 0.3 mol 的 Al_2O_3 和 1.8 mol 的 SiO_2。

（2）从釉的组成中 Al_2O_3 和 SiO_2 量中减去由钾长石引入的量，剩余的 Al_2O_3 和 SiO_2 量再采用 0.1 mol 生黏土来满足 0.1 mol 的 Al_2O_3 和 0.2 mol 的 SiO_2，其剩余量再用 0.1 mol 煅烧黏土满足，其剩余的 SiO_2 用石英满足。

（3）在 K_2O、Al_2O_3 和 SiO_2 需要量得到满足后，还余 0.7 mol 的 CaO 尚未满足，可用 0.7 mol 的石灰石来满足。

（4）将各种原料的物质的量乘以摩尔质量得到配料量，再以配料量为基础换算成质量分数，如表 4-2 所示。

表 4-2　釉式原料中的质量分数计算

原料	物质的量/mol	摩尔质量/$(g \cdot mol^{-1})$	配料量/g	质量分数/%
钾长石	0.3	556.0	166.8	42.4
生黏土	0.1	258.1	25.8	6.6
煅烧黏土	0.1	222.1	22.2	5.6
石灰石	0.7	100.1	70.1	17.9
石英	1.8	60.1	108.2	27.5

4.4　釉的制备

4.4.1　制备过程

釉按制备方法分类时常用的两种釉为生料釉和熔块釉。它们的具体制备过程如下。

生料釉是将全部已加工至一定粒度的原料，按配方精确称量后，直接加水于球磨机内研磨，经除铁、过筛后，进行釉浆陈腐。

熔块釉是先将一些水溶性的或有毒的、易挥发物质单独混合调配，在较高温度下熔化后淬冷成玻璃状的熔块，再将熔块与适量的黏土装入球磨机湿磨，经除铁、过筛后，入浆池陈腐备用。

4.4.2　工艺要求

不论是用何种方法制成的釉，都应具备以下的基本性质。

1. 釉浆的细度要适宜

釉浆的细度直接影响着釉浆的稠度、悬浮性、釉与坯的黏附性，以及釉面的质量。一般来说，釉磨得越细，釉浆的悬浮性越好，越不易分层，坯釉的黏附性越好，釉的烧成温度还可降低。但若磨得过细会使釉的黏度增大，触变性增强，影响施釉工艺。而且，过细的釉干燥时收缩大，易造成生釉层开裂和脱釉等缺陷。对于熔块釉来说，随着粉磨细度提高，熔块的溶解度增大，釉浆的 pH 值增高，易使釉浆凝聚，并造成产品缩釉。

2. 釉浆的浓度要适中

釉浆的浓度决定着釉层厚度和施釉时间。浓度越高，单位时间内形成的釉层越厚，或是在规定厚度下，施釉时间越短。一般要根据坯体情况、施釉方法等工艺条件加以调控。大件制品因施釉时间长，浓度要求低些；小件制品上釉容易、省时，则要求浓度高些。如果坯件吸水性强，浓度要低些，反之要高些。人工施釉速度慢，浓度可低些，而机械施釉速度快，浓度可高些。

3. 釉应具有适宜的黏度

在釉的烧成温度下，其黏度应该适当，使它具有一定的流动性，以保证釉能均匀地分布在坯体上，从而获得光亮的釉面。若流动性过大，釉易被坯体吸收，造成流釉或干釉现象；流动性过小，釉不能很好地均匀分布在坯体上，造成釉面不平滑，光泽度不好，釉缕流散不开造成堆釉，同时，气孔不易及时封闭而造成釉面针孔等缺陷。

此外，卫生陶瓷釉浆还应有适当的保水性。釉的保水性是反映釉浆中的水分从釉珠中渗出向坯体内部扩散速度快慢的性质。渗得慢，则釉浆的保水性好。如釉浆保水能力太弱，水分从釉珠中渗出速度快，容易在釉面形成小疙瘩；保水能力太强，釉珠易于向下流动，形成釉缕缺陷。

4.4.3　施釉过程

施釉前，生坯或素烧坯均需进行表面的清洁处理，保证釉层的良好附着。可以用压缩空气在通风柜内进行吹扫，也可以用海绵浸水后湿抹，或者以排笔、毛刷等蘸水洗涮进行清洁处理，然后按照规定工艺标准调整釉浆浓度进行施釉。

施釉时视器形和要求不同而采用不同的方法，主要有浸釉、淋釉和喷釉三种。

1. 浸釉

浸釉是将坯体浸入釉浆，利用坯体的吸水性或热素坯对釉的黏附而使釉料附着在坯体上。釉层厚度与坯体的吸水性、釉浆浓度和浸釉时间有关。

2. 淋釉

淋釉是将釉浆浇于坯体上以形成釉层的方法，这种方法适用于圆形盘类、单面釉的扁平砖类及坯体强度较差的产品。

3. 喷釉

喷釉是利用压缩空气使釉浆通过喷枪或喷釉机喷成雾状，使之黏附于坯体上。釉层厚度取决于坯与喷口的距离、喷釉压力和釉浆浓度等。此法适用于大型、薄壁及形状复杂的生坯，特点是釉层厚度均匀，与其他方法相比更容易实现机械化和自动化。

此外，还有静电施釉、流化床施釉、釉纸施釉和干法施釉等新方法。

4.5 陶瓷色釉料

陶瓷色釉料，又称陶瓷颜料或彩料（后文简称为颜料），是以色基和熔剂或添加剂配成的粉末状有色陶瓷用装饰材料，色基是以着色剂和其他原料配合，经煅烧后获得的无色着色材料；而熔剂是含铅的硅酸盐、硼酸盐或碱硅酸盐玻璃等，它是促使陶瓷色基与陶瓷器皿表面结合的低熔点玻璃态物质。

4.5.1 颜料的用途

颜料的用途可以归纳为三个方面。

1. 坯体的着色

坯体的着色是指将颜料中的色剂与坯料混合，使烧后的坯体呈现一定的颜色。有色坯泥可用于制造陈设瓷件、日用器皿及建筑用的墙地砖。白色坯泥还可作遮盖坯体颜色的釉下涂层。

2. 釉的着色

釉的着色是指用着色剂与基础釉调配成各种颜色釉及艺术釉。

3. 绘制花纹图案

绘制花纹图案是指大量用于釉层表面及釉下，进行手工彩绘，也可用作贴花纸、丝网印刷、转移印花、喷花的颜料。

4.5.2 颜料的种类

颜料种类很多，按照使用方法和彩烧温度分为釉上颜料、釉下颜料和釉中颜料。

1. 釉上颜料

釉上颜料是用于已经煅烧的陶瓷器皿釉层表面上装饰的颜料，它含有色基与熔剂，熔融温度较低。彩烧温度较低，通常为 800~850 ℃。釉上颜料种类较多，如国产颜料的甲赤、豆茶、辣椒红、橘黄等。

2. 釉下颜料

釉下颜料是用于未施釉的坯体上装饰的颜料，它是由着色剂（或色基）和少量稀释剂（黏土、高岭土、石英等）配成。稀释剂的作用是冲淡色调和控制收缩，釉下颜料有时也掺入较难熔的熔剂，如长石或釉的熔块。釉下颜料要求在高温下呈色稳定，不受坯料、釉作用而变色。常用的釉下颜料有锰红、铬铝红、钒锆黄、钴铬绿、锑锡灰及铁络锡褐等。

3. 釉中颜料

釉中颜料的熔剂成分中不含铅或少含铅，能耐较高的温度。在釉坯或器皿上进行彩饰后，在高温快烧的制度下煅烧，煅烧温度为 1 100 ℃ 左右，时间为 90 min 左右，这样可以使颜料渗透到釉层内部，出现近似釉下彩的效果。

4.5.3 颜色釉

颜色釉按其烧成温度分为低温色釉和高温色釉两类。低温色釉的组成中，一种是以硅酸铅玻璃为基础，另一种是以硼-硅-碱质熔块为基础。我国传统的高温色釉是以石灰釉或石灰-碱釉为基础，现代高温色釉多数采用长石釉为基础。色釉中的呈色原料为：着色的天然矿物（如钴土矿、紫金土等）、着色的化工原料（如过渡金属 Cr、Mn、Fe、Co、Ni、Cu 等）及特质色基（如锰红、铬绿等）。按照着色机理不同，颜色釉又可分成离子着色、胶体着色与晶体着色三种色釉。

1. 低温色釉

唐三彩釉，系低温多色铅釉，属 $PbO-Al_2O_3-SiO_2$ 系或 $PbO-SiO_2$ 系，它在同一器皿上施以黄、绿、蓝、白釉，烧后不同色调互相浸润，加上铅釉折射率高，故产品五彩缤纷、光彩夺目。

法华釉，也是一种低温有色陶釉，法华器皿过去多用作庙宇祭器，故在釉色前冠以"法"字，如釉色为黄、绿、蓝、紫、白则分别称为"法黄""法翠""法蓝""法紫""法白"。这类釉也用 Cu、Fe、Co、Mn 为着色剂，但所用的熔剂是牙硝（KNO_3），用量在 50% 左右。

建筑琉璃釉指的是陶质建筑构件上（如屋脊、花窗、栏杆）所施的低温彩色釉，这种釉属 $PbO-Al_2O_3-SiO_2$ 系的铅釉，PbO 含量达 50%，琉璃釉有黄、绿、蓝、紫等多种颜色。

2. 高温色釉

我国历史上曾创造了许多名贵的高温色釉，从釉色上可分为五类：①青釉，以铁为主要着色元素，Fe_2O_3 含量为 1%~3.8%；②黑釉，以大量铁为着色元素，Fe_2O_3 含量为 3%~9%；③红釉，以铜为着色剂，著名的红釉为钧红、霁红、宝石红、郎窑红、豇豆红等；④蓝釉，以钴为着色剂，其含量在万分之几至千分之几，品种较少，主要有霁蓝釉和天青釉；⑤花釉，在同一个器皿上施以两种不同颜色、不同熔融温度的釉，煅烧后形成多种颜色相间、色调多变的流纹。

传统的高温色釉的基础釉有 $CaO-Al_2O_3-SiO_2$ 系的石灰釉或 $K_2O-CaO-Al_2O_3-SiO_2$ 系的石灰-碱釉。现在工厂还以长石釉为基础釉，这类色釉多在还原焰中烧成，黑釉的烧成气氛偏于氧化焰，由于不易控制颜色的稳定和其艺术效果，所以高温色釉制造工艺难度大。

4.5.4 艺术釉

艺术釉是在制备颜色釉的基础上，采用专门的工艺手法以增加釉层的艺术效果的一类釉。艺术釉的外观各有其特色，广泛用于装饰陈设陶瓷、日用陶瓷与建筑陶瓷。

1. 结晶釉

许多陶瓷釉层中都或多或少含有晶体，当晶体含量与大小达到一定数值时，它会产生装饰与美化产品的作用，如无光釉、乳浊釉、茶叶末釉、天目釉、砂金釉、硅锌矿釉、钛结晶釉等。

2. 裂纹釉

这种釉面上的裂纹形态不一，它是由于坯、釉的线膨胀系数不匹配而造成的。通常把纹路交错、细小而密集的裂纹叫作鱼子纹或百圾碎，呈粗条的龟裂叫作牛毛纹，重叠似冰裂的纹片叫作冰裂，像沙地上留下的爪痕裂纹叫作蟹爪纹。最名贵的一种叫作鳝血纹，它是在粗疏的黑色纹片中交织着细密的红、黄色裂纹，色调深、浅的裂纹相互衬托。

3. 虹彩釉

虹彩釉的釉层上呈现如雨过天晴的多色虹彩一样的表面，这种釉的颜色转化柔和，且具有珍珠光泽，用来装饰陶瓷产品有较高的艺术价值。

4. 变色釉

有的釉在不同光源照射下，釉面呈现不同的颜色，而且这种光敏特性是不可逆的，称为变色釉，变色釉常用稀土氧化物作着色剂。

第二篇

陶瓷固体特征

第5章　陶瓷晶体结构

陶瓷材料是由晶相、玻璃相和气孔组成的，其中晶相是陶瓷材料中含量最高也是最为重要的组成之一，它的性质直接影响了陶瓷材料的许多性能。而晶相的性质又与晶体结构息息相关，因此本章将从晶体学基础理论出发，详细阐述陶瓷晶体结构的特点、配位规则、典型化合物，并介绍硅酸盐晶体结构特点及其代表性矿物。

5.1　晶体学基础

5.1.1　晶体的概念

人们对晶体的认识，是从观察外部形态开始的。早前人们把具有规则几何多面体形状的固体称为晶体。显然，这种认识并没有指出晶体的本质。1912 年，X 射线衍射应用于晶体构造的研究，发现一切晶体无论外形如何，它的内部质点在三维空间都在作有规律的排列。由此得出晶体的严格定义：晶体是由组成晶体的结构基元依靠结合键，在三维空间作有规律的周期性的重复排列的结构，结构基元可以是分子、原子、离子或原子团。

为了便于全面系统性研究晶体结构的规律和特征，人为地引入了三维空间的几何图形（即空间点阵）。注意：晶体结构和空间点阵是完全不同的概念，晶体结构是指具体物质粒子的排列分布，种类有无限多；而空间点阵只是描述晶体结构规律性的几何图形，种类却是有限的。二者关系可表述为

$$空间点阵+结构基元 \longrightarrow 晶体结构$$

5.1.2　布拉维点阵

为了便于研究，在空间点阵中选取一个具有代表性的基本小单元，即平行六面体，整个空间点阵可以看作是由这样一个平行六面体在空间堆砌而成的，该平行六面体被称为单胞。在晶体学中，单胞的选择需满足以下几点原则：①充分反映整个空间点阵的周期性和对称性；②单胞要具有尽可能多的直角；③单胞的体积要最小。

描述单胞一般有 6 个参数，即三根棱长 a、b、c 及其夹角 α、β、γ，称为晶胞常数。根据晶胞常数特征，晶体可分为七大晶系。按照"每个阵点周围环境相同"的要求，法国晶体学家 A. Bravais 用数学方法证明，空间点阵只有 14 种类型，如图 5-1 所示。这 14 种空间点阵也被称为布拉维点阵，其晶胞常数特征如表 5-1 所示。

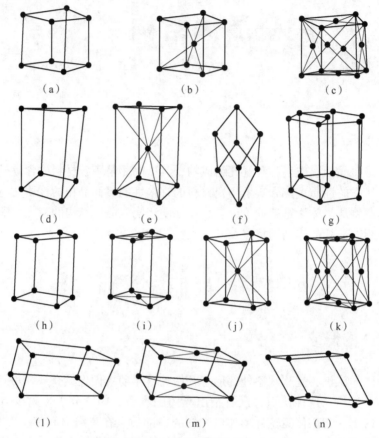

图 5-1　14 种布拉维点阵

表 5-1　布拉维点阵的晶胞常数特征

晶系	晶胞常数	布拉维点阵	图 5-1 中对应的标号
三斜	$a \neq b \neq c$；$\alpha \neq \beta \neq \gamma \neq 90°$	简单	（n）
单斜	$a \neq b \neq c$；$\alpha = \gamma = 90° \neq \beta$	简单	（l）
		底心	（m）
斜方	$a \neq b \neq c$；$\alpha = \beta = \gamma = 90°$	简单	（h）
		体心	（j）
		底心	（i）
		面心	（k）
正方	$a = b \neq c$；$\alpha = \beta = \gamma = 90°$	简单	（d）
		体心	（e）

续表

晶系	晶胞常数	布拉维点阵	图 5-1 中对应的标号
立方	$a=b=c$；$\alpha=\beta=\gamma=90°$	简单	(a)
		体心	(b)
		面心	(c)
菱方	$a=b=c$；$\alpha=\beta=\gamma\neq90°$	简单	(f)
六方	$a=b\neq c$；$\alpha=\beta=90°$，$\gamma=120°$	简单	(g)

5.1.3　晶向与晶面

在晶体中存在着一系列的原子列或原子平面，晶体中原子组成的平面叫晶面，原子列表示的方向称为晶向。晶体中不同的晶面和不同的方向上原子的排列方式和密度不同，构成了晶体的各向异性。为方便起见，人们通常采用晶向指数和晶面指数分别表示不同的晶向和晶面。国际上通用的是米勒（Miller）指数。

1. 晶向指数

晶向指数是表示晶体中点阵方向的指数，由晶向上阵点的坐标值决定。其确定步骤：①建立坐标系，如图 5-2 所示，以某一阵点 O 为原点，以过原点的晶轴为坐标轴，以晶胞常数 a、b、c 分别为 x、y、z 坐标轴的单位长度，建立坐标系；②确定坐标值，在待定晶向 OP 上确定距原点最近的一个阵点 P 的三个坐标值；③化整并加方括号，将三个坐标值化为最小整数 u、v、w，并加方括号，即得晶向 OP 的晶向指数 $[uvw]$。如果 u、v、w 中某一数为负值，则将负号标注在该数的上方。

2. 晶面指数

晶面指数是表示晶体中点阵平面的指数，由晶面与三个坐标轴的截距值决定。其确定步骤：①建立坐标系，如图 5-3 所示；②求截距，求出待定晶面在三个坐标轴上的截距，如果该晶面与某坐标轴平行，则其截距为 ∞；③求倒数，取三个截距值的倒数；④化整并加圆括号，将上述三个截距值的倒数化为最小整数 h、k、l，并加圆括号，即得待定晶面的晶面指数 (hkl)。如果 h、k、l 中某一数为负值，则将负号标注在该数的上方。

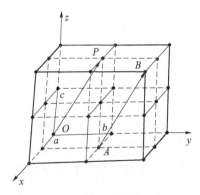

图 5-2　晶向指数的确定

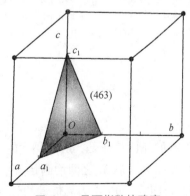

图 5-3　晶面指数的确定

3. 六方晶系的晶向指数和晶面指数

为了更清楚地表明六方晶系的对称性，通常采用米勒-布拉维指数来表示六方晶系的晶向和晶面。如图5-4所示，采用 a_1、a_2、a_3 和 c 四个坐标轴，a_1、a_2 和 a_3 位于同一底面上，并成120°，c 轴与底面垂直。晶面指数的标定方法与三轴坐标系相同，但需要 $(hkil)$ 四个数表示。其中 $i = -(h+k)$。同样，晶向指数也需要用 $[uvtw]$ 四个数来表示，其中 $t = -(u+v)$。

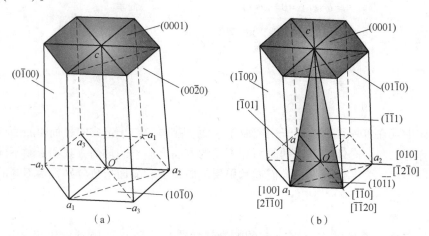

图5-4　六方晶系

（a）晶面指数；（b）晶向指数

5.1.4　晶面间距

晶面间距是指相邻两个平行晶面之间的距离。晶面间距越大，晶面上原子的排列就越密集，晶面间距最大的晶面通常是原子最密排的晶面。晶面指数不同，其晶面间距也不同。晶面间距 d_{hkl} 与晶面指数 (hkl) 和点阵常数 (a, b, c) 之间的关系如下。

（1）斜方晶系：$d_{hkl} = 1/[(h/a)^2 + (k/b)^2 + (l/c)^2]^{1/2}$；

（2）正方晶系：$d_{hkl} = 1/[(h^2+k^2)/a^2 + (l/c)^2]^{1/2}$；

（3）立方晶系：$d_{hkl} = a/[h^2+k^2+l^2]^{1/2}$；

（4）六方晶系：$d_{hkl} = 1/\left[\dfrac{4}{3}(h^2+hk+k^2)/a^2 + (l/c)^2\right]^{1/2}$。

5.1.5　晶带定理

相交和平行于某一晶向直线的所有晶面的组合称为晶带，该直线称为晶带轴。同一晶带轴中所有的晶面特征是，所有晶面的法线都与晶带轴垂直。可以证明晶带轴 $[uvw]$ 与该晶带中任一晶面 (hkl) 之间均满足关系：$hu+kv+lw=0$，这就是晶带定理。凡满足此关系式的晶面都属于以 $[uvw]$ 为晶带轴的晶带。

5.2 典型陶瓷晶体结构

5.2.1 基本结构

陶瓷材料的晶相大多属于离子晶体，而离子晶体是由正负离子通过离子键，按一定方式堆积起来的。首先假定构成晶体的原子为球形，同种原子或多种原子，按照不同的方式排列堆积便构成了不同的陶瓷晶体。

假设半径为 r 的同种球在平面上一层层堆积（见图 5-5），按照最密的堆积方式，第一层构成正六边形，球心 A 为原子中心即晶格阵点。在第一层上面堆积第二层时，则有 B 和 C 两种位置可选择；如果第二层选 B 位置，则第三层还有 C 和 A 两种位置选择。第三层如果选择 C 位置，则原子堆积方式为—ABCABCABC—，3 层为一周期，此为面心立方结构；若第三层选择 A 位置，则原子堆积方式为—ABABAB—，2 层为一周期，此为密排六方结构。

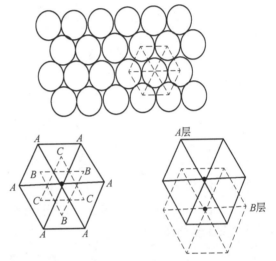

图 5-5 密排面原子排列及间隙位置堆积方法

5.2.2 密排结构中的间隙

在球填充结构模型中，球与球之间存在未被原子填充满的空间，其被称为间隙。晶体结构中的间隙有两种，如图 5-6 所示。第一种是由 6 个原子所围成的八面体间隙 [见图 5-6(a)]；第二种是由 4 个原子所围成的四面体间隙 [见图 5-6(b)]，由简单的几何关系，可以求出这两类间隙能放入球形原子的最大半径（设原子半径为 r_0），则八面体间隙半径为 $0.414r_0$，四面体间隙半径为 $0.225r_0$。

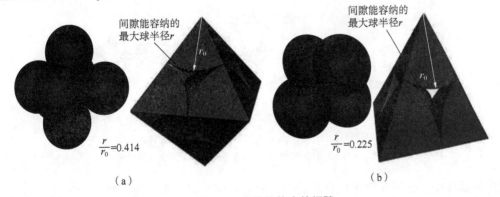

（a）　　　　　　　　　　（b）

图 5-6 密排结构中的间隙

（a）八面体间隙；（b）四面体间隙

5.2.3　配位数和配位多面体

离子晶体配位数是指一个正离子或负离子周围与它直接相邻结合的所有异号离子的个数。在描述离子晶体结构时，常常利用配位多面体。配位多面体就是晶体中最邻近的配位原子所组成的多面体。在陶瓷中，最常见的多面体就是硅氧四面体［SiO_4］和铝氧八面体［AlO_6］。在离子晶体中，正离子的配位数主要取决于正离子与负离子半径的比值。表5-2列出了正负离子半径比值与配位数的关系。

表5-2　正负离子半径比值与配位数的关系

r_+/r_- 值	正离子的配位数	负离子多面体的形状	实例
0.000~0.155	2	哑铃形	干冰
0.155~0.225	3	三角形	B_2O_3
0.255~0.414	4	四面体	SiO_2、GeO_2
0.414~0.732	6	八面体	$NaCl$、MgO、TiO_2
0.732~1.000	8	立方体	ZrO_2、CaF_2、$CsCl$
1.000 以上	12	立方八面体	

在离子晶体中，由于正离子半径一般比较小，负离子半径较大，所以离子晶体可以看成是由负离子堆积成的骨架，正离子则位于负离子空隙——负离子配位多面体中。图5-7列出了各种配位多面体。

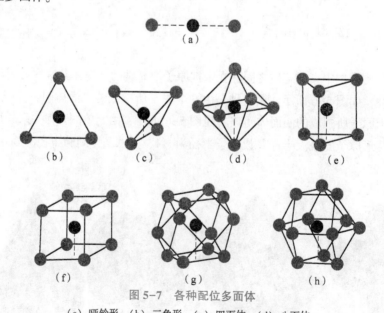

图5-7　各种配位多面体
（a）哑铃形；（b）三角形；（c）四面体；（d）八面体；
（e）三棱柱；（f）立方体；（g）立方最密堆积；（h）六方最密堆积

在实际晶体中，由于负离子往往只近似作最密堆积，同时离子间还存在着极化，因此负离子配位多面体大多不是正多面体，而是有着某种程度的畸变。

5.2.4 鲍林规则

鲍林在结晶化学基础上，对离子晶体结构进行归纳总结，提出 5 条规则，即鲍林规则。鲍林规则对于大多数离子晶体是符合的，但对于过渡元素化合物的离子晶体以及非离子晶体来说，鲍林规则就不适用了。下面对鲍林规则进行叙述。

1. 第一规则

在正离子的周围，形成一个负离子配位多面体，正负离子之间的距离取决于离子的半径之和，正离子的配位数则决定了正负离子半径之比，而与离子的价数无关。

如果负离子作紧密堆积，而正离子处于八面体间隙中，当正负离子之间正好相互接触时，经几何关系推导，可得到 $r_+/r_- = 0.414$。

当 $r_+/r_- < 0.414$ 时，负离子相互接触，而正负离子不接触，这种状态是不稳定的，负离子之间的斥力将迫使八面体配位结构瓦解，正离子的配位数由 6 下降为 4。此时正离子处于四面体间隙中，当正负离子正好相互接触时，经几何关系推导，可得到 $r_+/r_- = 0.225$。因此，$r_+/r_- = 0.225 \sim 0.414$ 是四面体配位结构稳定存在的正负离子半径比范围。

当 $r_+/r_- > 0.414$ 时，正负离子仍可保持接触，但负离子之间被撑开了，结构仍可稳定存在，只不过堆积密度有所下降，直到 $r_+/r_- = 0.732$ 时，正离子允许有 8 个负离子与其配位。所以，$r_+/r_- = 0.414 \sim 0.732$ 是八面体配位结构稳定存在的正负离子半径比范围。

2. 第二规则

在一个稳定的离子化合物中，每一个负离子的电价等于或近似等于相邻正离子分配给它的静电键强度的总和，即

$$Z^- = \sum_i \left(\frac{Z^+}{n}\right)_i$$

式中，Z^- 是负离子的电价；Z^+ 是正离子的电价；n 是正离子的配位数。

在 CaF_2 晶体结构中，Ca^{2+} 的配位数为 8，则 Ca^{2+} 分配给 F^- 的静电键强度为 $2/8 = 1/4$。F^- 的电价为 1，因此，每个 F^- 周围应该有 4 个 Ca^{2+}，即 F^- 是 4 个 Ca—F 配位立方体的公共顶点。

3. 第三规则

在一配位结构中，配位多面体共用棱，特别是共用面的存在会降低这个结构的稳定性，尤其是电价高、配位数低的离子，这个效应更显著。

这是因为多面体中心的正离子间的距离（中心距离）随着它们公共顶点数的增多而减小，并导致静电斥力增加，结构稳定性降低。在图 5-8 中，假设两个四面体中心距离是 1，则共用棱和共用面时，分别为 0.58 和 0.33；在八面体的情况下，分别为 1、0.71 和 0.58。

4. 第四规则

在含有一种以上正离子的晶体中，电价高、配位数小的那些正离子特别倾向于共角连接。这条规则可以看成是第三规则的延伸。

5. 第五规则

在同一晶体中，本质上不同组成的构造单元的数目趋向于最少数目。此规则称为节约规则，即在一个晶体结构中，晶体化学性质相似的不同离子，将尽可能采取相同的配位方式，使本质不同的结构组元数目尽可能少。

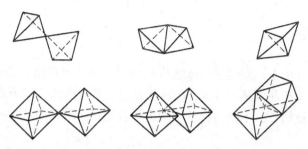

图 5-8 配位多面体共用顶点、棱或面时中心距离的变化

5.2.5 典型晶体结构

从空间群出发，考虑到晶体结构的对称性，只存在 230 种不同的晶体结构类型。只要晶胞中质点排列方式相同，具有相同的对称特点，这些物质就归结为同一种晶体结构类型。

1. 金刚石型晶体结构

金刚石型晶体结构是以单质碳的三维结构金刚石为代表。金刚石属于立方晶系、面心立方点阵，空间群为 Fd3m，晶胞参数 $a = 0.356$ nm。图 5-9 是金刚石的晶体结构，此晶胞中共有 8 个 C 原子，分别位于面心立方结构的所有阵点位置和交替分布在立方体内 4 个四面体间隙位置。该晶胞有两套等同点，8 个顶点和 6 个面心的质点属于一套，构成面心立方结构，立方体内的 4 个四面体间隙质点属于一套。具有金刚石型晶体结构的材料有 Si、Ge、α-Sn、cBN 等。

2. NaCl 型晶体结构

NaCl 的晶体结构如图 5-10 所示，属于立方晶系、面心立方点阵，空间群为 Fm3m，晶胞参数 $a = 0.563$ nm。NaCl 的晶体结构是 Cl^- 作立方最紧密堆积，而 Na^+ 占据了全部的八面体间隙。在 NaCl 的晶体结构中，$CN_{Na} = 6$，即 Na—Cl 构成八面体 $[NaCl_8]$，这些八面体以共棱方式相连，就形成了 NaCl 型晶体结构。具有 NaCl 型晶体结构的材料有 LiF、MgO、FeO、PbS、TiN 等。

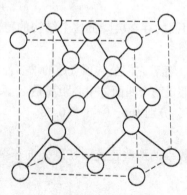

图 5-9 金刚石的晶体结构

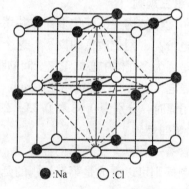

●:Na ○:Cl

图 5-10 NaCl 的晶体结构

3. CsCl 型晶体结构

CsCl 的晶体结构如图 5-11 所示，属于立方晶系、简单立方点阵，空间群为 Pm3m，晶

胞参数 $a = 0.411$ nm。CsCl 的晶体结构是 Cl^- 位于简单立方结构的 8 个顶点上，Cs^+ 位于立方体的中心，正负离子配位数均为 8。具有 CsCl 型晶体结构的材料有 CsBr、NH_4Cl 等。

4. 闪锌矿型晶体结构

闪锌矿型晶体结构以 β-ZnS 晶体为代表，如图 5-12（a）所示，属于立方晶系，面心立方点阵，空间群为 $F\bar{4}3m$，晶胞参数 $a = 0.54$ nm。β-ZnS 的晶体结构是 S^{2-} 作立方最紧密堆积，而 Zn^{2+} 填充 1/2 的四面体间隙。图 5-12（b）是 β-ZnS 的晶体结构在（001）面上的投影图，图中数字为标高：0 是晶胞的底面，50 为晶胞的 1/2 标高，25 和 75 分别为晶胞的 1/4 和 3/4 标高。β-ZnS 的晶体结构还可以认为是四面体 $[ZnS_4]$ 以共用顶点的方式相连。具有闪锌矿型晶体结构的材料有 β-SiC、GaAs、AlP 等。

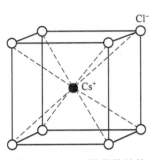

图 5-11 CsCl 的晶体结构

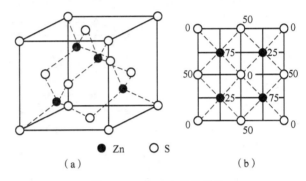

● Zn ○ S
（a）　　　　　　　　（b）

图 5-12 β-ZnS 晶体结构
（a）β-ZnS 的晶体结构；（b）β-ZnS 的晶体结构在（001）面上的投影图

5. 纤锌矿型晶体结构

纤锌矿型晶体结构以 α-ZnS 晶体为代表，如图 5-13 所示，属于六方晶系，空间群为 $P6_3mc$，晶胞参数 $a = 0.382$ nm，$c = 0.625$ nm。α-ZnS 的晶体结构是 S^{2-} 作六方最紧密堆积，而 Zn^{2+} 填充 1/2 的四面体间隙。具有纤锌矿型晶体结构的材料有 ZnO、CdS、α-SiC、GaN、AlN 等。

6. 萤石型晶体结构

萤石型晶体结构以 CaF_2 晶体为代表，如图 5-14 所示，属于立方晶系，空间群为 Fm3m，晶胞参数 $a = 0.54$ nm。CaF_2 的晶体结构是 Ca^{2+} 作立方最紧密堆积，F^- 填充全部的四面体间隙。具有萤石型晶体结构的材料有 BaF_2、CeO_2 等，低温型 ZrO_2 的晶体结构也类似于萤石型晶体结构。

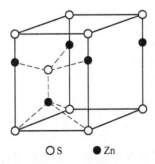

○ S ● Zn

图 5-13 α-ZnS 的晶体结构

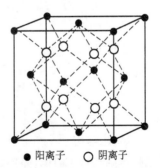

● 阳离子 ○ 阴离子

图 5-14 CaF_2 的晶体结构

此外，还有一种与萤石型晶体结构完全相同的结构，只是正负离子位置完全互换，如 Li_2O 等，其中 Li^+ 占有萤石型晶体结构中 F^- 的位置，而 O^{2-} 占据 Ca^{2+} 位置，被称为反萤石型晶体结构。

7. 金红石型晶体结构

金红石型晶体结构以稳定型的 TiO_2 晶体为代表，另外还有板钛矿型、锐钛矿型等晶体结构。金红石型晶体结构属于正方晶系，简单正方点阵，空间群为 $P4_2/mnm$，晶胞参数 $a = 0.459$ nm，$c = 0.296$ nm。如图 5-15 所示，TiO_2 的晶体结构可以看成是 O^{2-} 作近似六方最紧密堆积，而 Ti^{4+} 位于 1/2 的八面体间隙处，$[TiO_6]$ 八面体以共棱的方式排列成链状。具有金红石型晶体结构的材料有 SnO_2、MnO_2、MgF_2 等。

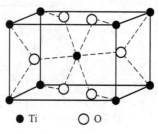

● Ti　　○ O

图 5-15　TiO_2 晶体结构

8. 刚玉型晶体结构

刚玉型晶体结构以 Al_2O_3 晶体为代表，属于菱方晶系，空间群为 $R\overline{3}c$，晶胞参数 $a = 0.514$ nm，$\alpha = 55.3°$，如图 5-16 所示。Al_2O_3 的晶体结构可以看成是 O^{2-} 作六方最紧密堆积，而 Al^{3+} 填充 2/3 的八面体间隙，在同一层和层与层之间，Al^{3+} 之间的距离应保持最远。具有刚玉型晶体结构的材料有 $\alpha-Fe_2O_3$、Cr_2O_3、Ti_2O_3、V_2O_3 等。

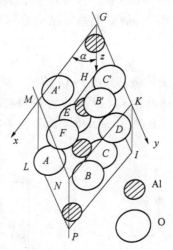

○ Al　　○ O

图 5-16　Al_2O_3 的晶体结构

9. 钙钛矿型晶体结构

钙钛矿型晶体结构以 $CaTiO_3$ 晶体为代表，高温时属于立方晶系，简单立方点阵，空间群为 $Pm3m$，晶胞参数 $a = 0.385$ nm，如图 5-17 所示。$CaTiO_3$ 的晶体结构是 Ca^{2+} 占据立方体的 8 个顶角位置，O^{2-} 占据 6 个面心位置，Ti^{4+} 位于体心位置。由图中几何关系可知，这三种离子的半径之间的关系为 $r_{Ca^{2+}}+r_{O^{2-}}=t\sqrt{2}(r_{Ti^{4+}}+r_{O^{2-}})$，其中 t 是容差因子，其值在 $0.77\sim1.1$ 之间。具有钙钛矿型晶体结构的材料有 $BaTiO_3$、$PbZrO_3$、$BaCeO_3$、$YAlO_3$ 等。

19. 尖晶石型晶体结构

尖晶石型晶体结构以 $MgAl_2O_4$ 晶体为代表，如图 5-18 所示，属于立方晶系，面心立方点阵，空间群为 Fd3m，晶胞参数 $a=0.808$ nm。$MgAl_2O_4$ 的晶体结构是 O^{2-} 作立方最紧密堆积，而 Mg^{2+} 填充在 1/8 四面体间隙中，Al^{3+} 填充在 1/2 八面体间隙中。

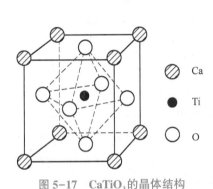

图 5-17　$CaTiO_3$ 的晶体结构

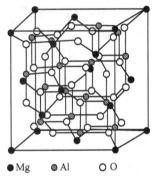

图 5-18　$MgAl_2O_4$ 的晶体结构

5.3　硅酸盐晶体结构

5.3.1　硅酸盐晶体结构的特点

硅酸盐晶体是构成地壳的主要矿物，它不仅仅是制造水泥、陶瓷、玻璃、耐火材料的主要原料，同时也是这些材料的主要构成部分。

硅酸盐晶体结构的特点主要有：①普遍存在［SiO_4］四面体结构单元；②每个氧最多只能被两个［SiO_4］四面体所共有；③［SiO_4］四面体可以相互孤立地存在或通过共顶相互连接；④Si—O—Si 结合键不是一条直线，而是一条折线。按照［SiO_4］四面体的连接方式，硅酸盐晶体结构可以分成岛状、组群状、链状、层状和架状五种。

5.3.2　典型的硅酸盐晶体结构

1. 岛状硅酸盐晶体结构

在岛状硅酸盐晶体中，［SiO_4］四面体以孤立状态存在，［SiO_4］四面体之间互不连接，每个 O^{2-} 除与一个 Si^{4+} 相连外，不再与其他［SiO_4］四面体中的 Si^{4+} 配位。［SiO_4］四面体之间通过其他金属离子连接起来。这种结构的代表是镁橄榄石、锆英石等。图 5-19 是镁橄榄石的晶体结构，孤立的［SiO_4］四面体由 Mg^{2+} 所连接，Mg^{2+} 处于 6 个 O^{2-} 构成的八面体中心。

陶瓷材料学

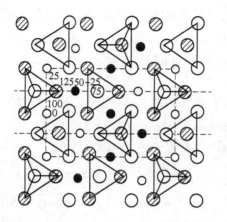

代表A层氧离子在25高度

代表B层氧离子在75高度

代表位于50高度的镁离子

代表位于0高度的镁离子

硅在四面体中心未示出

图5-19　镁橄榄石的晶体结构

2. 组群状硅酸盐晶体结构

以2个、3个、4个或6个［SiO₄］四面体，通过共用氧相连接，形成单独的［SiO₄］四面体群体，这些群体之间再由其他正离子连接起来，这就是组群状硅酸盐晶体结构。这种结构的代表是绿宝石、堇青石及镁方柱石等。图5-20是绿宝石的晶体结构，其基本结构单元是6个［SiO₄］四面体形成的六节环。六节环中的四面体有2个氧是共用的，它们与［SiO₄］四面体中的Si^{4+}处于同一高度。这样的六节环有8个，上面4个和下面4个在排列时错开30°。这些六节环是靠Al^{3+}和Be^{2+}相连的。

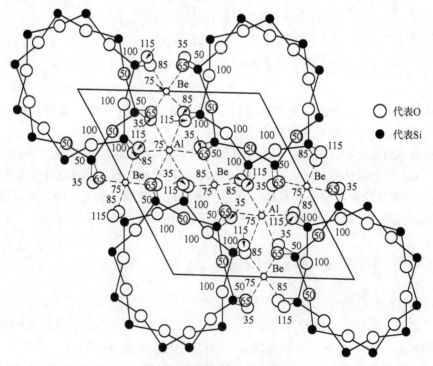

代表O

代表Si

图5-20　绿宝石的晶体结构

3. 链状硅酸盐晶体结构

[SiO$_4$] 四面体通过桥氧连接，在一维方向伸长成单链或双链，链与链之间通过其他正离子按照一定配位关系连接起来就构成了链状硅酸盐晶体结构。透辉石、顽火辉石、锂辉石属于单链硅酸盐矿物，而斜方角闪石、透闪石属于双链硅酸盐矿物。

4. 层状硅酸盐晶体结构

层状硅酸盐晶体结构是由 [SiO$_4$] 四面体通过 3 个桥氧在二维平面内形成一个无限延伸的六节环层，1 个顶角上的自由氧与硅氧层外的正离子相连。在层状硅酸盐晶体结构中，负离子单元可表示为 [Si$_4$O$_{11}$]$^{4-}$，硅氧层中的自由氧可与 Al^{3+}、Mg^{2+} 等正离子成键，Al^{3+}、Mg^{2+} 均以六面体、八面体的形式存在，形成铝氧或镁氧八面体层。当正离子为 Al^{3+} 时，八面体层中的八面体间隙只有 2/3 被填充，称为二八面体；当正离子为 Mg^{2+} 时，则全部被填充，称为三八面体。滑石、叶蜡石、高岭石、蒙脱石和白云母等都属于层状硅酸盐晶体结构矿物。

5. 架状硅酸盐晶体结构

在架状硅酸盐晶体结构中，每一个氧都是桥氧，[SiO$_4$] 四面体之间直接由桥氧相连，整个结构就是由 [SiO$_4$] 四面体连接成的三维骨架。石英族晶体即属于架状硅酸盐晶体结构，通式为 SiO$_2$。当石英结构中有 Al^{3+} 取代 Si^{4+} 时，K$^+$、Na$^+$、Ca^{2+} 等离子将被引入以平衡电价，形成了长石族、霞石和沸石等矿物。

第6章 陶瓷晶体缺陷

理想的陶瓷晶体结构中，所有的原子都处于固定的晶格点阵上，但实际的晶体中，都存在与理想晶体结构的偏离，即存在缺陷。陶瓷晶体缺陷的存在及其运动规律，对陶瓷扩散、烧结、相变、强度及物理化学性能的影响非常大，因此，只有在掌握陶瓷晶体缺陷及其运动规律的基础上，才能阐明缺陷对陶瓷性能产生影响的本质，才能利用缺陷知识帮助我们设计制造出具有特殊性能的陶瓷。根据缺陷的几何尺寸范围，可以分为：

（1）点缺陷，在三维方向上尺寸都很小，如空位、间隙原子和杂质原子等；

（2）线缺陷，在两个方向上尺寸很小，主要指位错；

（3）面缺陷，在一个方向上尺寸很小，另外两个方向上尺寸较大的缺陷，如晶界等。

因此，本章主要阐述陶瓷晶体结构中的点缺陷、位错、晶界。

6.1 点缺陷

6.1.1 点缺陷分类

点缺陷是陶瓷材料中最基本和最重要的缺陷，也是本章的重点。

根据点缺陷对理想晶格点阵偏离的几何位置及成分，可分为间隙原子、空位及杂质原子三类。点阵原子进入晶格点阵之间的间隙位置，就成为间隙原子；若正常点阵上没有原子，即空阵点，称为空位；间隙原子与空位都被称为晶体的本征缺陷。外来原子进入晶格就成为杂质原子，形成晶体中的杂质缺陷，也称为晶体的非本征缺陷。

根据缺陷的产生原因，也可以把点缺陷分为热缺陷、杂质缺陷及非化学计量缺陷。

1. 热缺陷

当温度高于 0 K 时，点阵原子的热振动，使一部分能量较大的原子离开平衡位置造成的缺陷，称为热缺陷。热缺陷主要存在两种基本形式（见图 6-1），即弗兰克尔缺陷和肖特基缺陷。

在晶格热振动时，离开平衡位置的原子，挤到晶格点阵的间隙位置时，就形成了间隙原子，而原来位置上形成了空位，即弗兰克尔缺陷 [见图 6-1（a）]；如果点阵原子离开平衡位置，迁移到晶体的表面上，而在原来的位置上留下空位（肖特基空位），这就是肖特基缺陷［见图6-1(b)］。

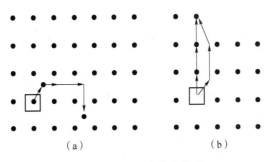

图6-1　热缺陷的基本类型

(a) 弗兰克尔缺陷；(b) 肖特基缺陷

在陶瓷晶体结构中，为了保持晶体电中性，肖特基空位是成对出现的，即形成一个正离子空位的同时，也会形成一个负离子空位，因此肖特基缺陷会使得晶体的体积增加。例如，NaCl晶体中的肖特基缺陷就是，形成一个钠离子空位，同时也要形成一个氯离子空位；而对于弗兰克尔缺陷来说，间隙原子与空位是成对出现的，因此晶体体积是不会发生改变的。

热缺陷浓度随温度升高呈指数上升，因此对于一定的晶体来说，热缺陷浓度是温度的函数。温度固定，则其热缺陷浓度是恒定的，这点可以利用统计热力学理论和能量最低原理计算出。在一个由 N 个正离子和 N 个负离子组成的离子型晶体中，肖特基缺陷对的平衡浓度 C 为

$$C = N\exp\left(-\frac{\Delta G}{2kT}\right) \tag{6-1}$$

式中，ΔG 是一对肖特基缺陷的形成能；k 是玻尔兹曼常数。

与单质晶体的单个空位缺陷相比，式（6-1）中的2是因为离子晶体中肖特基空位是成对出现的。当然，对于弗兰克尔缺陷来说，也可以获得同样的关系式。

2. 杂质缺陷

杂质原子进入晶体后，可以占据晶格的点阵位置，即置换杂质原子；若杂质原子进入晶格点阵的间隙位置，即间隙杂质原子。

晶体内杂质缺陷含量与温度无关，这点与热缺陷是不同的。

3. 非化学计量缺陷

在某些化合物中，它们的化学组成随着气氛的性质及压力大小变化而发生组成偏离化学计量的现象，由此产生的晶体缺陷称为非化学计量缺陷，它是生成 N 型或 P 型半导体的重要基础。例如 TiO_2 在还原气氛下形成 $TiO_{2-x}(x=0\sim1)$，这是一种 N 型半导体。

非化学计量缺陷也称为电荷缺陷，从能带理论来看，非金属固体具有价带、禁带或导带。当在 0 K 时导带全部空着，价带全部被电子填满；在热或其他能量传递作用下，价带中电子得到能量而被激发跃迁到导带中，此时在价带留下了一个空穴，而在导带中多了一个电子，这就会使得周期性势场发生畸变，造成晶体的不完整性，这种缺陷称为电荷缺陷。

6.1.2 点缺陷的表示方法

目前点缺陷普遍采用 Kröger-Vink（克罗格-明克）符号进行表示，即用一个主要符号来表明缺陷的种类，而用一个下标来表示这个缺陷的位置，缺陷的有效电荷用符号的上标表示。如用上标"·"表示有效正电荷，用"′"表示有效负电荷。例如，以 MX 离子晶体（M 为一价阳离子、X 为一价阴离子）为例来说明缺陷符号的表示方法。

(1) M_M：正常 M^+ 离子位置的 M^+ 离子；

(2) X_X：正常 X^- 离子位置的 X^- 离子；

(3) V'_M：M^+ 离子位置上的空位；

(4) $M_i^{\cdot}$：间隙位置上的 M^+ 离子；

(5) $L_M^{\cdot}$：M^+ 离子位置上的 L^{2+} 离子；

(6) e'：电子；

(7) $h^{\cdot}$：空穴。

6.1.3 点缺陷的缺陷反应

若把每个点缺陷都看作化学物质，那么材料中缺陷及浓度都可以和化学反应一样，利用热力学函数来描述，也可以把质量作用定律和平衡常数概念应用于缺陷反应，这对掌握陶瓷材料制备过程中缺陷的产生和相互作用是很重要也是很方便的。

在写缺陷反应方程式时，也和化学反应方程式一样，必须遵守一些基本原则，即：①在化合物 M_aX_b 中，M 位置与 X 位置的比例总是 $a:b$；②空位数的增减引起位置数的增减，但间隙式离子、电子、空穴对位置数没有影响；③缺陷反应方程式两边必须保持质量守恒；④缺陷反应前后保持电中性。现试着分类举例书写缺陷反应方程式。

1. 热缺陷的缺陷反应方程式

(1) NaCl 形成肖特基缺陷，其缺陷反应方程式为

$$Na_{Na}+Cl_{Cl}\longrightarrow Na_{Na}+Cl_{Cl}+V'_{Na}+V_{Cl}^{\cdot} \tag{6-2}$$

左侧的 Na_{Na} 和 Cl_{Cl} 位于晶格点阵处，而右侧的位于表面，两边消去后，得到

$$0\longrightarrow V'_{Na}+V_{Cl}^{\cdot} \tag{6-3}$$

(2) CaO 形成肖特基缺陷，其缺陷反应方程式为

$$0\longrightarrow V''_{Ca}+V_O^{\cdot\cdot} \tag{6-4}$$

(3) AgI 形成弗兰克尔缺陷（Ag^+ 进入间隙），其缺陷反应方程式为

$$Ag_{Ag}\longrightarrow V'_{Ag}+Ag_i^{\cdot} \tag{6-5}$$

2. 杂质缺陷的缺陷反应方程式

(1) $CaCl_2$ 固溶到 KCl 中，最有可能发生的缺陷反应方程式为

$$CaCl_2\xrightarrow{2KCl}2Cl_{Cl}+Ca_K^{\cdot}+V'_K \tag{6-6}$$

$$CaCl_2\xrightarrow{KCl}Ca_K^{\cdot}+Cl_{Cl}+Cl_i' \tag{6-7}$$

其固溶体化学式分别为 $K_{1-2x}Ca_xCl$ 和 $K_{1-x}Ca_xCl_{1+x}$。

当然，根据缺陷反应方程式的书写规则，还可以让钙离子进入间隙位置而氯离子仍然在氯离子位置，同时产生两个钾空位，即

$$CaCl_2 \xrightarrow{KCl} Ca_i^{\cdot\cdot} + 2Cl_{Cl} + V_K' + V_K' \tag{6-8}$$

式（6-6）、式（6-7）、式（6-8）均符合缺陷反应方程式的规则，但是否都实际存在呢？严格判断它们的合理性需根据固溶体生成条件及固溶体研究方法利用实验证实。但是根据离子晶体结构的一些基本知识，可以粗略地判断它们的正确性。式（6-8）的不合理性在于离子晶体是以负离子作密堆积，正离子填充密堆积的空隙，既然有两个钾空位存在，一般钙离子首先填充空位，而不会挤到间隙位置，使晶体不稳定因素增加；式（6-7）由于氯离子半径大，离子晶体的密堆积结构中一般不可能挤进间隙离子。因此上面三个缺陷反应方程式以式（6-6）最为合理。

（2）MgO 固溶到 Al_2O_3 中，最有可能发生的缺陷反应方程式为

$$2MgO \xrightarrow{Al_2O_3} 2Mg_{Al}' + 2O_O + V_O^{\cdot\cdot} \tag{6-9}$$

$$3MgO \xrightarrow{Al_2O_3} 2Mg_{Al}' + 3O_O + Mg_i^{\cdot\cdot} \tag{6-10}$$

其固溶体化学式分别为 $Mg_{2x}Al_{2-2x}O_{3-x}$ 和 $Mg_{3x}Al_{2-2x}O_3$。这两个缺陷反应方程式中式（6-9）更为合理，因为式（6-10）中 Mg^{2+} 离子进入间隙位置，这在刚玉中不易发生。

（3）Y_2O_3 固溶到 ZrO_2 中，最有可能发生的缺陷反应方程式为

$$Y_2O_3 \xrightarrow{2ZrO_2} 2Y_{Zr}' + 3O_O + V_O^{\cdot\cdot} \tag{6-11}$$

$$2Y_2O_3 \xrightarrow{3ZrO_2} 3Y_{Zr}' + 6O_O + Y_i^{\cdot\cdot\cdot} \tag{6-12}$$

其固溶体化学式分别为 $Y_{2x}Zr_{1-2x}O_{2-x}$ 和 $Y_{4x}Zr_{1-3x}O_2$。这两个缺陷反应方程式中式（6-11）更合理，因为立方 ZrO_2 属于萤石型晶体结构，这种结构中往往存在负离子扩散机制。

3. 非化学计量缺陷的缺陷反应方程式

非化学计量化合物的产生及其缺陷浓度，与气氛性质和气压大小密切相关，它可以看作变价元素中的高价态与低价态氧化物随着环境氧分压的变化而形成的固溶体，是一种特殊的不等价置换固溶体。

（1）负离子缺位型（如 TiO_{2-x}、ZrO_{2-x}）。TiO_2 在还原气氛下烧结时，晶格中的氧就可以逸出到大气中，这时晶体中就会出现氧空位，使金属离子与化学式显得过剩，这也可以把缺氧的 TiO_2 看作四价钛和三价钛氧化物的固溶体，其缺陷反应方程式为

$$2Ti_{Ti} + 4O_O \longrightarrow 2Ti_{Ti}' + V_O^{\cdot\cdot} + 3O_O + \frac{1}{2}O_2 \uparrow \tag{6-13}$$

式中，Ti_{Ti}' 表示三价钛位于四价钛位置上，这种离子变价可认为是电子的转移造成的。在氧离子空位周围束缚了过剩电子，以保持晶体的电中性。如果这个电子与附近的 Ti^{4+} 相联系，此时 Ti^{4+} 就变成了 Ti^{3+}。在电场的作用下，这个电子可以从这个 Ti^{4+} 转移到邻近的另一个 Ti^{4+} 上，这就形成了电子导电，所以具有这种缺陷的材料是一种 N 型半导体。

将 $Ti_{Ti}' = Ti_{Ti} + e'$ 代入式（6-13），得到

$$O_O \longrightarrow V_O^{\cdot\cdot} + \frac{1}{2}O_2 \uparrow + 2e' \tag{6-14}$$

根据质量作用定律，平衡常数 K 为

$$K = \frac{[V_O^{\cdot\cdot}][p_{O_2}]^{\frac{1}{2}}[e']^2}{[O_O]} \tag{6-15}$$

若晶体中氧离子浓度基本不变，且 $2[V_O^{\cdot\cdot}] = [e']$，则

$$[V_O^{\cdot\cdot}] \propto [p_{O_2}]^{-\frac{1}{6}} \tag{6-16}$$

这说明氧空位浓度与氧分压的 1/6 次方成反比，因此 TiO_2 陶瓷烧结时对氧分压非常敏感，在强氧化氛围烧结时是金黄色的介质材料，而在还原氛围下烧结时是灰黑色的 N 型半导体。

（2）正离子填隙型（如 $Zn_{1+x}O$、$Cd_{1+x}O$）。过剩的金属离子进入间隙位置，它是带正电的，为了保持电中性，等价的电子被束缚在间隙正离子周围。例如，ZnO 在锌蒸气中加热，缺陷反应方程式为

$$ZnO \longrightarrow Zn_i^{\cdot\cdot} + 2e' + \frac{1}{2}O_2 \uparrow \tag{6-17}$$

$$ZnO \longrightarrow Zn_i^{\cdot} + e' + \frac{1}{2}O_2 \uparrow \tag{6-18}$$

以上两个缺陷反应方程式都符合书写规则，但实验证明，ZnO 在锌蒸气中加热单电荷间隙锌的方程是正确的。

（3）负离子填隙型（如 UO_{2+x}）。UO_{2+x} 可以看作 U_2O_5 在 UO_2 中的固溶体，为了保持电中性，结构中引入了空穴以提高正离子的电价。空穴在电场作用下发生运动，因此这种材料是一种 P 型半导体。UO_{2+x} 中的缺陷反应方程式为

$$\frac{1}{2}O_2 \longrightarrow O_i'' + 2h^{\cdot} \tag{6-19}$$

由式可知，随着氧分压的升高，间隙氧的浓度增大。

（4）正离子空位型（如 $Cu_{2-x}O$、$Fe_{1-x}O$）。为了保持电中性，在正离子空位周围捕获空穴，因此它也属于 P 型半导体。$Fe_{1-x}O$ 可以看作 Fe_2O_3 在 FeO 中的固溶体，为了保持电中性，3 个 Fe^{2+} 被 2 个 Fe^{3+} 和 1 个空位代替，固溶体化学式为 $(Fe_{1-x}Fe_{\frac{2}{3}x})O$，其缺陷反应方程式为

$$2Fe_{Fe} + \frac{1}{2}O_2 \longrightarrow 2Fe_{Fe}^{\cdot} + O_O + V_{Fe}'' \tag{6-20}$$

将 $Fe_{Fe}^{\cdot} = Fe_{Fe} + h^{\cdot}$ 代入式（6-20），得到

$$\frac{1}{2}O_2 \longrightarrow 2h^{\cdot} + O_O + V_{Fe}'' \tag{6-21}$$

根据质量作用定律，平衡常数 K 为

$$K = \frac{[O_O][V_{Fe}''][h^{\cdot}]^2}{[p_{O_2}]^{1/2}} \tag{6-22}$$

$$[h^{\cdot}] \propto [p_{O_2}]^{\frac{1}{6}} \tag{6-23}$$

这说明氧分压升高，空穴浓度增加，电导率也相应升高。

6.2　位　错

6.2.1　位错的基本概念

在晶体中，由于晶体某一部分原子排列的错位或由于塑性变形而使晶体沿某一个原子面产生相对滑动，在原子层错排与未错排区域的交界处产生的线状晶体缺陷，称为位错，过程中的位移矢量被称为柏氏矢量，用 b 表示。

若位错线与 b 垂直，则称为刃型位错；若位错线与 b 平行，则称为螺型位错；若两者都存在，则称为混合位错。如果柏氏矢量的大小与位移方向上最小的晶格间距相等，这种位错称为完全位错。

位错的存在会造成晶体发生晶格畸变，单位长度的位错能量 E 为

$$E = \alpha G b^2 \tag{6-24}$$

式中，α 是与几何因素有关的系数，取值为 $0.5 \sim 1$；G 是晶体的剪切模量；b 是柏氏矢量的大小。一般来说，刃型位错的能量比螺型位错约高 50%。

6.2.2　位错的滑移与攀移

位错可以在特定滑移面上产生滑移运动而使晶体产生塑性变形，因此位错是否能产生滑移，取决于其柏氏矢量是否在滑移面内。位错的滑移面和滑移方向组合一起被称为滑移系。

如果两相邻滑移面的间距为 h，则 b/h 值最小的滑移系首先被选择。在金属材料中这种倾向很明显，多数情况下其滑移系是密排面上的密排方向，但在陶瓷材料中并不一定。因为陶瓷材料中，正离子与负离子之间有排斥力，会给位错带来额外的约束力。

例如，在 MgO 陶瓷中，同种离子之间最短的矢量是 <110>，该方向即为柏氏矢量方向。在 <110> 方向上产生位移在 {100}、{110} 及 {111} 等面上都可以实现，其 b/h 值大小顺序为：{100} < {110} < {111}。如果按照 b/h 值最小原则，则滑移系优先选择 {100} 与 <011>，但实际上产生滑移的滑移系是 {110} 与 <110>，这是因为前者在滑移时正离子之间要相互靠近，而后者却没有。由此可知，陶瓷材料中位错滑移的滑移系不符合 b/h 值最小原则，这也是陶瓷材料难以产生塑性变形的原因。

MgO 单晶体在室温就可以产生滑移变形，但多晶体在室温下却极脆，不能变形。这是因为 MgO 多晶体的滑移系数量少，它要产生塑性变形而不被破坏，必须有 5 个以上独立的滑移系才行，这也是多晶陶瓷材料难以变形的另一个原因。

刃型位错不仅可以滑移，还可以攀移。如果位错线是在竖直方向上移动，就是位错的攀移。位错的攀移需要离子或空位的扩散，因此位错攀移是伴随着物质迁移的非保守运动；而滑移是不伴随物质迁移的保守运动。

6.2.3　扩展位错

为了减少应变能，晶体中全位错有时分解成柏氏矢量小的复合位错，称为部分位错或半位错。反应分解出的部分位错之间可能存在着堆垛层错，一对部分位错之间所含有的堆垛层

错被称为扩展位错，它的宽度是由部分位错的弹性排斥力与层错能所决定的。例如，在 $\alpha\text{-}Al_2O_3$ 陶瓷中观察到的全位错分解反应为

$$\frac{1}{3}\left[11\bar{2}0\right] \longrightarrow \frac{1}{3}\left[10\bar{1}0\right] + \frac{1}{3}\left[01\bar{1}0\right] \tag{6-25}$$

6.3　晶　　界

6.3.1　晶界的几何结构

几乎所有的陶瓷材料都为多晶体，晶粒间夹有晶界，且相邻两晶粒之间位相是不同的。若两晶粒之间的位向差是由一个晶粒以平行于晶界的某轴线转动一定角度来描述的，这种晶界称为倾斜晶界，而若是以垂直于晶界的某轴线转动一定转角来描述的，这种晶界称为扭转晶界，图 6-2 是这两种晶界的示意。

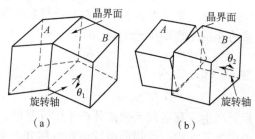

图 6-2　晶界示意
(a) 倾斜晶界；(b) 扭转晶界

一般的晶界都是同时含有以上两种晶界的混合晶界。两个晶粒间位向差较小的晶界称为小角晶界。小角倾斜晶界和 α 角扭转晶界可分别用刃型位错和位错网来描述，倾斜晶界中刃型位错的间距 l 与倾角 θ 的大小成反比，与柏氏矢量 $\boldsymbol{b}$ 的大小成正比，即

$$l=b/\theta \tag{6-26}$$

其晶界能可由构成晶界的位错能量和近似表示

$$E=\frac{Gb\theta}{4\pi(1-v)}(A-\ln\theta) \tag{6-27}$$

式中，v 是泊松比；A 为常数。此式适用于 $\theta \leqslant \pi/12$ 的小角晶界。

当 $\theta > \pi/12$ 时，则称为大角晶界，大角晶界原子排列不规则，不能用位错模型来描述，而是采用重合位置点阵模型。在大角晶界中，若两个晶粒的点阵彼此通过晶界向对方延伸，则其中一些原子将出现有规律的相互重合。由这些原子重合位置所组成的比原来点阵大的新点阵，称为重合位置点阵。这种模型是为描述金属晶体的晶界结构而提出的，但实验表明用来描述陶瓷的晶界结构也是合适的。

6.3.2　晶界与烧结机制

在陶瓷烧结过程中，大都加入了烧结助剂，这些烧结助剂在烧结时会形成液相而起促进

致密化作用。固体与液体的润湿性由润湿角大小来判断，如图6-3所示。固体及液体的表面张力 γ_{SV}、γ_{LV} 与固液界面张力 γ_{SL} 的平衡关系为

$$\gamma_{SV}-\gamma_{SL}=\gamma_{LV}\cos\theta \tag{6-28}$$

式中，θ 称为润湿角或接触角。θ 的大小是润湿性好坏的度量，当 $\theta<90°$ 时称为润湿。γ_{SL} 减小，θ 也随之减小，润湿性变好。提高润湿性的烧结助剂，都是润湿性好的物质。在WC-Co及TiC-Ni金属陶瓷中，金属相的 θ 角都很小，因而有良好的润湿性。

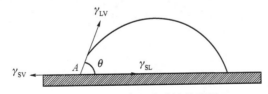

图6-3 固体表面上液滴的润湿

图6-4是五种 θ 值的晶界液相分布模型。当 $\theta=0°$ 时，晶界被完全润湿。随 θ 角的增大，晶界液相分布变均匀。当 $\theta=90°$ 时，只有三角晶界的液相存在。一般情况下，选择烧结助剂时要选 θ 角小的物质。但像图6-4(a)中那样有大量液相存在会降低材料的强度，因此选择烧结助剂的种类和数量时，还必须考虑对材料的性能要求。

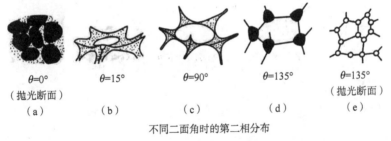

$\theta=0°$
（抛光断面）
（a）

$\theta=15°$
（b）

$\theta=90°$
（c）

$\theta=135°$
（d）

$\theta=135°$
（抛光断面）
（e）

不同二面角时的第二相分布

图6-4 晶界液相分布模型

第 7 章　陶瓷中的扩散

固体中原子或离子具有足够高的能量时，就会离开原来的位置进而跳向邻近的位置，这种材料中由于原子或离子的微观热运动所引起的宏观迁移现象称为扩散。陶瓷的烧结、相变、时效析出等过程，都是通过原子或离子的扩散才能实现，因此扩散是陶瓷材料微观组织结构形成与改变的重要过程因素。本章将介绍扩散定律及其解、扩散的微观理论与机制、非化学计量氧化物中的扩散，以及影响扩散的因素，最后论述扩散控制的固相反应动力学。

7.1　扩散定律及其解

7.1.1　扩散第一定律

菲克研究发现，单位时间内通过垂直于扩散方向的单位面积的物质量（扩散通量）与浓度梯度成正比，即

$$J = -D\frac{\partial C}{\partial x} \tag{7-1}$$

式中，J 为扩散通量；C 为溶质浓度；x 为扩散距离；D 为扩散系数，单位为 m^2/s；$\partial C/\partial x$ 为沿 x 方向的浓度梯度，负号表示扩散由高浓度向低浓度方向进行。此式称为菲克第一定律或扩散第一定律。

扩散过程中，如果系统各处的浓度不随时间变化而变化，则称为稳态扩散，即

$$\frac{\partial C}{\partial t} = 0 \text{ 和 } \frac{\partial C}{\partial x} = 常数 \tag{7-2}$$

在稳态扩散中，系统各点处的浓度梯度也是不变的。因此，在这种情况下，即使是扩散系数与浓度有关，系统各点处的扩散通量也是不变的。

7.1.2　扩散第二定律

实际中的绝大部分扩散属于非稳态扩散，这时系统中的浓度不仅与扩散距离有关，也与

扩散时间有关，即 $\partial C(x,t)/\partial t \neq 0$。对于非稳态扩散来说，利用扩散第一定律和物质平衡原理，可以推导出扩散第二定律，即

$$\frac{\partial C}{\partial t} = -\frac{\partial}{\partial x}\left(D\frac{\partial C}{\partial x}\right) \tag{7-3}$$

若 D 为常数，且与浓度无关，则上式可简化为

$$\frac{\partial C}{\partial t} = D\frac{\partial^2 C}{\partial x^2} \tag{7-4}$$

7.1.3　扩散方程的求解

通过测定稳态扩散的流量，即可求解扩散第一定律，恒压气体通过陶瓷板的扩散就是这种情况；而对于扩散第二定律来说，系统中各点的瞬间浓度 $C(x,t)$ 是位置和时间的函数。当 D 是常数时，这些解符合以下两种形式：一是相对于扩散物体的长度来说，扩散距离非常小，此时可用误差函数进行求解；二是扩散接近完全均匀化时，此时可用无穷三角级数来求解。一般情况下，以短时间解和长时间解来描述这两种情况。

1. 短时间解

与扩散距离相比，试样尺寸可看作半无限长，其边界条件为

$$t=0 \text{ 时：} \qquad C=C_0, \qquad 0<x<+\infty ;$$

$$t>0 \text{ 时：} \qquad x=0, C=C_s; \qquad x=+\infty, C=C_0$$

式中，C_0 是试样的初始浓度；C_s 是试样表面的浓度。

经某一时刻 t，在某一距离 x 处的浓度 C 为

$$C(x,t) - C_0 = C_s - C_0\left[1 - \frac{2}{\sqrt{\pi}}\int_0^{\frac{x}{2\sqrt{Dt}}} e^{-\lambda^2}d\lambda\right] \tag{7-5}$$

定义误差函数 $\mathrm{erf}\left(\dfrac{x}{2\sqrt{Dt}}\right) = \dfrac{2}{\sqrt{\pi}}\int_0^{\frac{x}{2\sqrt{Dt}}} e^{-\lambda^2}d\lambda$，则上式可简化为

$$C(x,t) - C_0 = C_s - C_0\left[1 - \mathrm{erf}\left(\frac{x}{2\sqrt{Dt}}\right)\right] \tag{7-6}$$

2. 长时间解

在均匀化趋于完成的情况下，当溶质从厚度为 l 的平板两个表面扩散出去时，如果起始浓度为 C_0，而当 $t>0$ 时，表面浓度保持在 C_s，则试样中的平均浓度 C_m 为

$$C_m - C_s = \frac{8}{\pi^2}(C_0 - C_s)\exp\left(-\frac{\pi^2}{l^2}Dt\right) \tag{7-7}$$

此式在 $\dfrac{C_m - C_s}{C_0 - C_s} < 0.8$ 时是成立的，即为长时间解。

7.2　扩散的微观理论与机制

在扩散定律中，扩散系数是衡量物质扩散能力的重要参数。为了求解扩散系数，首先要

建立扩散系数与扩散的宏观量和微观量之间的联系，并由此提出各种不同的扩散机制，这就是本节的主要内容。

7.2.1 扩散微观理论

扩散现象可以看作微观原子无规则跳动的统计结果，大量原子的微观跳动决定了宏观扩散距离，而扩散距离又与扩散系数有关，因此原子跳动与扩散系数之间存在内在联系。

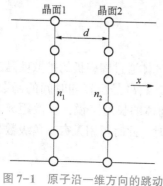

图7-1 原子沿一维方向的跳动

设在晶体中两个相邻间距为 d 的平行晶面中（见图7-1），单位面积扩散溶质原子数分别为 n_1、n_2；原子的跳动频率为 Γ，跳跃概率无论是由晶面1跳向晶面2，还是晶面2跳向晶面1都为 P。因此，在时间 δ 内，跃出晶面1的原子数为 $n_1 P \Gamma \delta$。同样，在时间 δ 内，从晶面2跃迁到晶面1的原子数为 $n_2 P \Gamma \delta$。

从晶面1到晶面2的流量 J 为

$$J=(n_1-n_2)P\Gamma \tag{7-8}$$

注意到浓度与原子数的关系：$\dfrac{n_1}{d}=C_1$，$\dfrac{n_2}{d}=C_2$ 和 $\dfrac{n_1-n_2}{d^2}=-\dfrac{\partial C}{\partial x}$，代入上式可得

$$J=-d^2P\Gamma\frac{\partial C}{\partial x} \tag{7-9}$$

与扩散第一定律比较，可知扩散系数 D 为

$$D=d^2P\Gamma \tag{7-10}$$

式中，d 和 P 取决于晶体结构类型。Γ 除了与晶体结构有关外，与温度关系极大。该式的意义在于，建立了扩散系数与原子跳动频率、晶格常数等微观量之间的关系。

7.2.2 扩散微观机制

离子型晶体中的扩散微观机制主要有三种，如图7-2所示，即空位扩散、间隙扩散、准间隙扩散。

图7-2 离子晶体中的扩散微观机制
（a）空位扩散；（b）间隙扩散；（c）准间隙扩散

位于正常点阵位置上的离子扩散，大多情况下是依靠空位完成的，即离子从正常点阵位置移动到相邻的空位上［见图7-2(a)］，即空位扩散。空位扩散的速率取决于离子由点阵

位置移动至空位上的难易程度，同时也取决于空位浓度。

另一种扩散机制是间隙原子的扩散，它又可以分为两种情况。第一种是间隙原子本身由一个间隙位置移动到另一个间隙位置，称为间隙扩散［见图7-2(b)］；第二种是间隙原子将正常点阵上的原子挤到间隙位置上，自己占据点阵位置［见图7-2(c)］，这种称为准间隙扩散。

扩散过程有多种机制，命名各不相同。对于不同的具体材料和具体环境，可能起主要作用的机制也不同。在单纯晶体中离子的扩散称为自扩散。自扩散是在没有浓度梯度的情况下的扩散，是靠离子的无序随机运动而产生的扩散；而离子晶体中沿浓度梯度的扩散称为互扩散或化学扩散。

另外，由于扩散路径不同，扩散行为也有区别，正常晶体内的扩散称为晶格扩散或体积扩散；由此相反，沿位错、晶界和表面而产生的扩散分别称为位错扩散、晶界扩散、表面扩散，它们统称为短路扩散。

7.2.3　扩散激活能

扩散激活能和扩散系数是两个息息相关的物理量，它们符合阿伦尼乌斯关系，即

$$D = D_0 \exp\left(-\frac{Q}{kT}\right) \tag{7-11}$$

式中，D_0 是扩散常数；Q 是扩散激活能。Q 越小，D 越大，原子扩散越快。

在间隙固溶体中，间隙原子是以间隙机制进行扩散的。间隙扩散激活能 Q_i 就是间隙原子跳动的激活内能，即间隙原子的迁移能 ΔE。

而在置换固溶体中，原子是以空位机制进行扩散的，这种方式要比间隙扩散困难得多，主要原因是每个原子周围出现空位的概率较小，在空位机制扩散之前，必须在原子周围形成空位缺陷。空位扩散激活能 Q_v 是由空位形成能 ΔE_v 和空位迁移能 ΔE 组成。因此，空位机制要比间隙机制需要更大的扩散激活能。

实际晶体结构中空位的来源，除了热缺陷外，往往还有杂质离子固溶所引入的空位。

例如，在 KCl 晶体中引入 $CaCl_2$，则发生的缺陷反应方程式为

$$CaCl_2 \xrightarrow{KCl} Ca_K^{\cdot} + V_K' + 2Cl_{Cl} \tag{7-12}$$

因此，空位机制的扩散系数中应考虑晶体结构中空位的总浓度。在温度足够高时，结构中来自本征缺陷的空位浓度大于杂质固溶产生的空位浓度，此时扩散为本征缺陷所控制；而当温度足够低时，结构中本征缺陷提供的空位浓度可远小于杂质固溶产生的空位浓度。因扩散受固溶引入的杂质离子的电价和浓度等外界因素所控制，故称为非本征扩散。

7.2.4　互扩散系数

两种以上原子的扩散，必须按照互扩散规则处理。互扩散系数 $\widetilde{D}$ 是两种原子扩散难易程度的度量，它可通过两种原子 A、B 各自的本征扩散系数 D_A^i 及 D_B^i 算出，即

$$\widetilde{D} = x_B D_A^i + x_A D_B^i \tag{7-13}$$

式中，x_A、x_B 分别为 A、B 原子的摩尔分数。当 $x_B \approx 0$ 时，$\widetilde{D}$ 趋近于 D_A^i，说明 D_B^i 与稀固溶体中的扩散系数相对应。

D_A^i、D_B^i 与各自的自扩散系数 D_A、D_B 之间的关系为

$$D_A^i = D_A \left(1 + \frac{\partial \ln \gamma_A}{\partial \ln x_A} \right) \tag{7-14}$$

$$D_B^i = D_B \left(1 + \frac{\partial \ln \gamma_A}{\partial \ln x_A} \right) \tag{7-15}$$

式中，γ_A 为固溶体 A 原子的活度系数。将以上两式代入式（7-13），可得

$$\widetilde{D} = (x_B D_A + x_A D_B) \left(1 + \frac{\partial \ln \gamma_A}{\partial \ln x_A} \right) \tag{7-16}$$

互扩散系数可以通过将两种浓度不同的试样连接起来，在高温下进行扩散偶实验来测定。在 D_A 与 D_B 不同的互扩散中，在最初界面处埋入不溶性标记，经扩散处理后该标记产生移动，这种现象称为柯肯达尔效应。

7.3　非化学计量氧化物中的扩散

除了杂质固溶引起的非本征扩散外，非本征扩散也发生在一些非化学计量氧化物晶体中，特别是过渡金属氧化物，如 FeO、CoO、ZrO_2 等。在这些氧化物中，金属离子的价态常因环境中气氛变化而变化，从而使结构中出现正离子空位或负离子空位，这导致扩散系数明显依赖于环境的气氛。在这类氧化物中典型的非化学计量空位形成可分为如下两种情况。

7.3.1　金属离子空位型

造成这种非化学计量空位的原因往往是环境中氧分压升高迫使部分 Fe^{2+}、Ni^{2+}、Co^{2+} 等二价过渡金属离子变成三价金属离子，即

$$2M_M + \frac{1}{2} O_2 \longrightarrow 2M_M^{\cdot} + O_O + V_M'' \tag{7-17}$$

当缺陷反应平衡时，平衡常数 K_p 由反应自由能 ΔG 控制，则有

$$K_p = \frac{[V_M''][M_M^{\cdot}]^2}{[p_{O_2}]^{1/2}} = \exp\left(-\frac{\Delta G}{RT} \right) \tag{7-18}$$

考虑到 $[M_M^{\cdot}] = 2[V_M'']$，则

$$[V_M''] = \left(\frac{1}{4} \right)^{1/3} \cdot [p_{O_2}]^{1/6} \cdot \exp\left(-\frac{\Delta G}{3RT} \right) \tag{7-19}$$

7.3.2　氧离子空位型

以 ZrO_2 为例，高温氧分压的降低，将发生的缺陷反应方程式为

$$O_O \longrightarrow V_O^{\cdot\cdot} + \frac{1}{2}O_2 \uparrow + 2e' \tag{7-20}$$

同理，平衡常数 K_p 为

$$K_p = [V_O^{\cdot\cdot}][p_{O_2}]^{\frac{1}{2}}[e']^2 \tag{7-21}$$

考虑 $2[V_O^{\cdot\cdot}] = [e']$，则

$$[V_O^{\cdot\cdot}] = \left(\frac{1}{4}\right)^{-1/3} \cdot [p_{O_2}]^{-1/6} \cdot \exp\left(-\frac{\Delta G}{3RT}\right) \tag{7-22}$$

基于上述两类情况的分析可知：对过渡金属非化学计量氧化物来说，氧分压的增加将有利于金属离子的扩散而不利于氧离子的扩散。若在非化学计量氧化物中，同时考虑本征缺陷空位、杂质缺陷空位，以及气氛改变引起的非化学计量空位对扩散系数的影响，则其 $\ln D$-$1/T$ 曲线是由含有两个转折点的直线段构成的。高温段与低温段分别由本征空位和杂质空位所致，而中温段则是由非化学计量空位所致。

7.4　影响扩散的因素

根据前面学习可知，温度、气氛、杂质、缺陷及界面都强烈影响陶瓷中的扩散。凝聚态固体中离子的运动是热激活的过程，其扩散系数 $D = D_0 \exp(-Q/kT)$，因此 D 仅取决于 D_0、Q、T，凡是改变这 3 个参数的因素都将影响扩散过程。

7.4.1　温度与杂质

根据扩散系数表达式可知，温度越高，扩散激活能越大，扩散系数呈指数增加，说明温度对扩散系数的影响越敏感。

对于大多数离子晶体来说，由于其或多或少地含有一定量的杂质，因而 $\ln D$-$1/T$ 曲线在不同温度区间呈不同斜率的直线段，这主要是由于不同温度区间的激活能不同引起的。图 7-3 是 NaCl 晶体中 Na^+ 的扩散系数，其中高温区发生的是本征扩散，而低温区是非本征扩散。

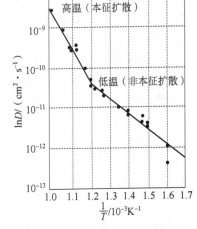

图 7-3　NaCl 晶体中 Na^+ 的扩散系数

利用杂质对扩散的影响是人为改善扩散的主要途径。一般而言，高价正离子的引入可造成晶格中出现正离子空位并产生晶格畸变，从而使正离子扩散系数增大。当杂质含量增加时，非本征扩散与本征扩散温度转折点升高，这说明在较高温度时杂质扩散仍超过本征扩散。值得注意的是，若引入的杂质与扩散介质形成化合物，或析出沉淀则导致扩散激活能升高，使得扩散速率下降，反之当杂质原子与结构中部分空位发生缔合，往往会使结构中总空位浓度增加而有利于扩散。例如 KCl 中引入 $CaCl_2$，若结构中 $Ca_K^{\cdot}$ 和部分 V_K' 之间发生缔合，则总空位浓度应为 $V_K' + (Ca_K^{\cdot}V_K')$。

总之，杂质对扩散的影响，必须考虑晶体结构缺陷缔合、晶格畸变等诸多因素。

7.4.2　结构缺陷

多晶陶瓷材料是由不同取向的晶粒相接合而成的，晶粒与晶粒之间存在原子排列紊乱、结构开放的晶界区域。实验证明，在离子晶体中，离子在晶界上的扩散远比在晶粒内部扩散快得多。某些氧化物陶瓷的晶界对离子的扩散是有选择性增强的，例如，在 Fe_2O_3、$SrTiO_3$ 材料中，晶界或位错有增强 O^{2-} 扩散的作用；而在 BeO、$(ZrCa)O_2$ 等材料中则无此效应。这种晶界对离子扩散的选择性增强作用是和晶界区域内电荷分布密切相关的。

在离子晶体的所有缺陷中，表面的能量最高，晶界其次，晶粒内部能量最低。因此，离子沿表面扩散的激活能 Q_s 最小，沿晶界扩散的激活能 Q_g 其次，晶格扩散的激活能 Q_b 最高，一般规律为：$Q_s = 0.5Q_b$，$Q_g = (0.6 \sim 0.7)Q_b$；$D_s : D_g : D_b = 10^{-7} : 10^{-10} : 10^{-14}$，其中 D_s、D_g、D_b 分别为表面扩散、晶界扩散和晶格扩散的扩散系数。

除晶界外，晶粒内部存在的各种位错也是离子容易移动的途径。结构中位错密度越高，位错对离子扩散的贡献越大。

7.4.3　化学键

在金属键、离子键或共价键材料中，空位机制始终是晶粒内部质点迁移的主导方式，而空位扩散激活能是由空位形成能和迁移能构成的，故空位扩散激活能常随着材料熔点升高而增加。但当间隙原子比点阵原子小得多或晶格结构比较开放时，间隙机制将占优势。例如，在萤石 CaF_2 中 F^- 和 UO_2 中 O^{2-} 都是靠间隙机制进行迁移的，而且这种情况下原子迁移的激活能与材料的熔点无明显关系。

在共价键晶体中，由于成键的方向性和饱和性，它较金属和离子晶体是更开放的晶体结构。但正因为成键方向性的限制，间隙扩散不利于体系能量的降低，而且表现出自扩散激活能通常高于熔点相近金属晶体。显然，共价键的方向性和饱和性对空位的迁移是有强烈影响的。

7.5　固相反应动力学

固相反应的基本特点在于反应通常是由几个简单的物理化学过程，如化学反应、扩散、结晶、熔融、升华等步骤构成的。因此，整个反应的速度将受其所涉及的各动力学阶段进行的速度影响，所有环节中速度最慢的一环，将对整体反应有着决定性的影响。例如，在固相反应各环节中物质扩散速度较其他各环节都慢得多，则固相反应速率将完全受控于扩散速度，对于其他情况也可以以此类推。

7.5.1　固相化学反应动力学范围

由于固相反应是以反应物的机械接触为基本条件的，所以在固相反应中，需要引入转化率的概念，同时考虑反应过程中反应物之间的接触面积。所谓转化率一般定义为在固相反应过程中已反应的体积分数。

假设反应物颗粒呈球状，半径为 R_0，经时间 t 反应后，反应物颗粒外层厚度 x 已被反应，则定义转化率 G 为

$$G = \frac{R_0^3 - (R_0 - x)^3}{R_0^3} = 1 - \left(1 - \frac{x}{R_0}\right)^3 \tag{7-23}$$

$$x = R_0 \left[1 - (1 - G)^{1/3}\right] \tag{7-24}$$

固相化学反应动力学的一般方程式为

$$\frac{\mathrm{d}G}{\mathrm{d}t} = KF(1 - G)^n \tag{7-25}$$

式中，n 为反应级数；K 为反应速率常数；F 为反应截面积。

在一级固相反应时，动力学方程式为

$$\frac{\mathrm{d}G}{\mathrm{d}t} = KF(1 - G) \tag{7-26}$$

当反应物为球形时，反应截面积 F 可用 G 表示为

$$F = 4\pi R_0^2 (1 - G)^{2/3} \tag{7-27}$$

代入式（7-26），得到

$$\frac{\mathrm{d}G}{\mathrm{d}t} = 4K\pi R_0^2 (1 - G)^{2/3} \cdot (1 - G) = K_1 (1 - G)^{5/3} \tag{7-28}$$

若反应物截面积 F 在反应过程中不变，例如金属平板的氧化过程，则式（7-26）可以写成

$$\frac{\mathrm{d}G}{\mathrm{d}t} = K'(1 - G) \tag{7-29}$$

对式（7-28）和式（7-29）积分，并考虑到初始条件 $t = 0$ 时，$G = 0$，得到

球形模型：

$$F_1(G) = (1 - G)^{-\frac{2}{3}} - 1 = K_1 t \tag{7-30}$$

平板模型：

$$F_1'(G) = \ln(1 - G) = -K_1' t \tag{7-31}$$

7.5.2　扩散动力学范围

固相反应一般都伴随着物质的迁移，由于固相中的扩散速率通常较为缓慢，因此在多数情况下，扩散速率控制整个固相反应的速率往往是常见的。根据反应截面积的变化情况，扩散速率控制的反应动力学方程也不同。在众多反应动力学方程中，基于平板模型和球形模型所导出的杨德尔方程和金斯特林格方程是最有代表性的。

1. 杨德尔方程

如图 7-4 所示，设反应物 A 和 B 以平板模型相互接触反应和扩散，并形成厚度为 x 的产物 AB 层，随后 A 通过 AB 层扩散至 B-AB 界面继续反应。若界面化学反应速率远大于扩散速率，则过程是由扩散控制的。经 $\mathrm{d}t$ 时间通过 AB 层单位截面积 A 的物质的量 $\mathrm{d}m$。显然，在反应过程任意一

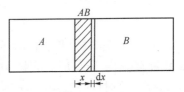

图 7-4　固相反应的杨德尔模型

时刻，反应界面处 A 物质浓度为 0，而界面 A-AB 处 A 物质浓度为 C_0。

由扩散第一定律可知

$$\frac{dm}{dt} = D\frac{C_0}{x} \tag{7-32}$$

设反应产物 AB 密度为 ρ，相对分子质量为 μ，则 $dm = \rho dx/\mu$，代入式（7-32），得到

$$\frac{dx}{dt} = \frac{\mu D C_0}{\rho x} \tag{7-33}$$

积分并考虑边界条件，当 $t=0$ 时，$x=0$，得到

$$x^2 = \frac{2\mu D C_0}{\rho} t = Kt \tag{7-34}$$

此式说明，反应物以平板模型接触时，反应产物层厚度与时间的平方根成正比，称为抛物线速率方程式。

考虑到实际情况中，固相反应通常以粉状物料为原料，为此杨德尔假设：①反应物是半径为 R_0 的等径球粒；②反应物 A 是扩散相，即 A 成分总是包围着 B 颗粒，而且 A、B 与产物是完全接触的，反应自球面向中心进行反应。

此时就可以把式（7-24）代入式（7-34），得到

$$x^2 = R_0^2 [1-(1-G)^{1/3}]^2 = Kt \tag{7-35}$$

定义杨德尔方程为

$$F_J(G) = [1-(1-G)^{1/3}]^2 = K_J t \tag{7-36}$$

杨德尔方程是将球形模型的转化率公式代入平板模型的抛物线速率方程得到的，这就限制了杨德尔方程只能适用于反应初期，反应转化率较小的情况，只有这样反应截面积才能近似看成是不变的。

2. 金斯特林格方程

针对杨德尔方程只能适用于转化率较小的情况，金斯特林格考虑到在反应过程中，反应截面积随反应进行而变化这一事实，认为实际反应开始以后，生成产物层是一个球壳而不是一个平面。为此，金斯特林格提出了反应扩散模型，如图7-5所示。当反应物 A 和 B 混合均匀后，若 A 熔点低于 B，A 可以通过表面扩散或气相扩散而布满整个 B 的表面。在产物层 AB 生成之后，反应物 A 在产物层中扩散速率远大于 B，并且在整个反应过程中，反应生成物球壳外壁上，扩散相 A 浓度恒为 C_0，而生成物球壳内壁上，由于化学反应速率远大于扩散速率，扩散到 B 界面的反应物 A 马上与 B 反应生成 AB，其扩散相 A 浓度恒为 0，故整个反应速率完全由 A 在生成物壳层 AB 中的扩散速率所决定。

设单位时间内通过 $4\pi r^2$ 球面扩散入产物层 AB 中 A 的量为 dm_A/dt，则由扩散第一定律可知

$$\frac{dm_A}{dt} = D \cdot 4\pi r^2 \left(\frac{dC}{dr}\right)_{r=R-x} = M(x) \tag{7-37}$$

并设这是稳态扩散过程，因而单位时间内将有相同数量的 A 扩散通过任一指定的 r 球面，其量为 $M(x)$。若反应生成物 AB 密度为 ρ，相对分子质量为 μ，AB 中 A 的分子数为 n，令 $\rho n/\mu = \varepsilon$。这时产物层 $4\pi r^2 dx$ 体积中积聚 A 的量为

$$4\pi r^2 \cdot dx \cdot \varepsilon = D \cdot 4\pi r^2 \cdot \left(\frac{dC}{dr}\right)_{r=R-x} dt \tag{7-38}$$

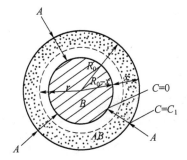

图 7-5　固相反应的金斯特林格模型

所以

$$\frac{\mathrm{d}x}{\mathrm{d}t}=\frac{D}{\varepsilon}\cdot\left(\frac{\mathrm{d}C}{\mathrm{d}r}\right)_{r=R-x} \tag{7-39}$$

由式（7-37）移项并积分可得

$$\left(\frac{\mathrm{d}C}{\mathrm{d}r}\right)_{r=R-x}=\frac{C_0 R_0(R_0-x)}{r^2 x} \tag{7-40}$$

将其代入式（7-39），可得

$$\frac{\mathrm{d}x}{\mathrm{d}t}=\frac{D}{\varepsilon}\cdot\frac{C_0 R_0(R_0-x)}{r^2 x}=K_0\frac{R_0}{x(R_0-x)} \tag{7-41}$$

积分可得

$$x^2\left(1-\frac{2}{3}\frac{x}{R_0}\right)=2K_0 t \tag{7-42}$$

将球形颗粒转化率公式，即式（7-24），代入式（7-42），并经整理即可得到金斯特林格方程，即

$$F_{\mathrm{K}}(G)=1-\frac{2}{3}G-(1-G)^{2/3}=K_{\mathrm{K}} t \tag{7-43}$$

许多实验研究都表明，金斯特林格方程比杨德尔方程适用转化率范围更广，具有更好的普遍性，与实际情况较吻合；不足之处是没考虑反应物与产物密度差带来的体积效应。

第 8 章　陶瓷相图

陶瓷材料性质除了与化学组成有关外，还取决于其显微结构，即其中所含的晶相、玻璃相及气孔的组成、数量和分布。研究陶瓷显微结构的形成，需要综合考虑热力学和动力学这两方面因素，而相图就是从热力学平衡角度研究多组分多相体系的平衡状态随温度、压力、组成等变化而改变的规律。

本章将介绍陶瓷相平衡与相律，阐述一元相图、二元相图、三元相图及四元相图的特点并分析。对于制作陶瓷材料的工作者来说，熟练判读陶瓷相图，是一项必须具备的基本功，它可以帮助我们正确选择配料方案及工艺制度，合理分析生产过程中质量问题产生的原因以及帮助我们进行新材料的研制。

8.1　相平衡与相律

8.1.1　热力学与相平衡

在热力学定义中，一个体系除动能外的所有能量称为内能，内能的微小变化 dU 为

$$dU = \delta Q - \delta W \tag{8-1}$$

式中，δQ 为体系从外界吸收的能量；δW 为体系对外做的功。这种能量守恒定律称为热力学第一定律。对于恒压 p 下的可逆反应，当体系从状态 a（内能 U_a，体积 V_a）变到状态 b（内能 U_b，体积 V_b）时，体系的热量变化为

$$H = U + pV \tag{8-2}$$

此函数 H 即为焓，用来表述恒压下体系能量的变化，它可由恒压热容 C_p 计算得到

$$H = H_0 + \int_0^T C_p dT \tag{8-3}$$

式中，H_0 表示 0 K 时的焓；T 为温度。H 并不能计算其绝对值，只能估算与标准状态（298 K，101.325 kPa）的相对量。通常来说，大多数物质的恒压热容 C_p 都可以实际测得。

热力学第一定律并不能知道体系的某个反应能否进行，还需要根据另一个热力学参数熵来判定，熵的定义为

$$dS = \frac{\delta Q}{T} \tag{8-4}$$

式中，δQ 表示可逆过程中微小热量变化。在可逆过程中，体系的熵与外界熵变之和为 0，这就是热力学第二定律。由内能 U、焓 H 与熵 S 来定义体系的自由能。亥姆霍兹自由能 F 用于描述等容条件下的平衡问题，定义为

$$F = U - TS \tag{8-5}$$

吉布斯自由能 G 用于描述等温等压条件下的平衡问题，其表示为

$$G = H - TS \tag{8-6}$$

对于固体及液体凝聚态体系来说，多数过程都是在等压条件下进行的，所以我们讨论相平衡通常用 G 来表述。相平衡的条件是吉布斯自由能变化为 0，即 $\Delta G = 0$，而要使反应进行的条件为 $\Delta G < 0$。

8.1.2　相图与吉布斯相律

材料的性能取决于它的化学组成与显微结构，而显微结构又是由不同的相组成的。相是指在一个体系中，成分、结构相同，具有相同物理和化学性质的均匀组成部分。不同相之间必然有界面分开，但是有界面分开的并不一定就是两个不同的相。在界面两侧性质发生突变的是两个不同的相，两相之间的界面称为相界面。反之，不发生性质突变的则为晶界。

我们通常将体系中每一个可以单独分离出来，并且能够独立存在的化学纯物质称为组元。按照组元数目的不同，可将体系分为一元体系、二元体系、三元体系和多元体系。在陶瓷体系中，经常采用氧化物作为体系的组元，如 SiO_2 一元体系，Al_2O_3-SiO_2 二元体系，CaO-Al_2O_3-SiO_2 三元体系等。因为相图表示的是物质在热力学平衡条件下的情况，所以又称为平衡相图。由于陶瓷一般都是凝聚态的，压力的影响极小，所以通常其相图是指在恒压下物质的状态与温度、成分之间的关系图。

1876 年，美国物理化学家吉布斯利用热力学理论成功推导出了多相体系的普遍规律——吉布斯相律。吉布斯相律是处于热力学平衡状态的系统中自由度（F）、组元数（n）、相数（P）和对体系平衡状态产生影响的外界因数之间的关系定律，是分析和使用相图的重要依据，经过长期的实践检验，吉布斯相律被证明是自然界最普遍的规律之一，其数学表达式为

$$F = n - P + 2 \tag{8-7}$$

在讨论陶瓷材料时，多数情况都是等压过程，因此吉布斯相律又可写为

$$F = n - P + 1 \tag{8-8}$$

在下面的相图构成的讨论中我们将用到吉布斯相律，并将进一步理解它的意义与作用。

8.2　一元相图

8.2.1　一元体系压力-温度相图

由单一成分构成的一元体系，组元数 $n = 1$，根据吉布斯相律，体系的自由度 $F = 3 - P$。

当 $P=1$ 时，表明一元体系中只有一个单相存在，自由度为 2，即在单相区域有压力和温度可自由选择；当 $P=2$ 时，体系中有两相共存，自由度为 1，即在两相区域只有压力或温度之一可选择；当 $P=3$ 时，体系中有固、液、气三相共存，自由度为 0，此时体系有固定的压力与温度。

图 8-1 是水的一元体系压力-温度相图。图中水的固、液、气相被相图划分为 *ADB*、*CDA* 及 *BDC* 3 个单相区域，与吉布斯相律的 $P=1$ 相对应，显然在这 3 个单相区域内温度和压力独立改变而不会造成旧相的消失或新相的产生。固相——冰在低温高压下稳定，气相——水蒸气在高温低压下稳定，液相——液态水存在于两相之间；实线 *DB*、*DC*、*DA* 则分别对应着固/气、固/液、液/气两相共存的平衡状态，此时的温度或压力只有一个可供自由选择，选择其一，另一个就随之而定了；点 *D* 处为三相平衡点。

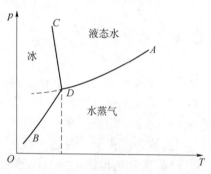

图 8-1　水的一元体系压力-温度相图

图 8-2 是只存在固相与液相的碳一元体系压力-温度相图，在图中存在 3 个固相区和 1 个液相区，其中石墨与金刚石固相是我们生活中常见的碳相平衡状态。石墨相在低压下稳定，而金刚石相在高温高压下稳定。实际上，碳一旦形成石墨（或者金刚石），即使将石墨（金刚石）在金刚石（石墨）相区域保持，两者之间的相变也很难发生。因此，在相图中并不能确定相变能否进行，只是给出最后的平衡状态。根据相图只能判断物质的稳定状态，任何一种体系都会向能量最低的平衡状态转化。但这种转化能否发生，进行的速率如何，就要看其过程阻力大小，阻力能否被动力所克服，这是固相反应动力学所要讨论的问题。

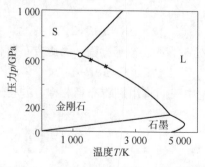

图 8-2　碳的一元体系压力-温度相图

图 8-3 为石英的一元体系压力-温度相图，石英在固态时存在多种晶型（同素异构体），在图中显示石英有 4 个固相，即 α-石英、β-石英、β-鳞石英、β-方石英。其中 α-石英与

β-石英的相转变可以在 573 ℃ 快速进行，而其他固相之间的相变则是在各自相变温度下很缓慢地进行。石英的高温相常常过冷而被保留到室温。

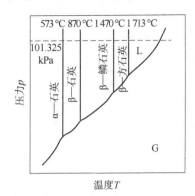

图 8-3　石英的一元体系压力-温度相图

8.2.2　克劳修斯-克拉佩隆公式

在图 8-1 的水的一元体系压力-温度相图中，冰的熔点曲线 DC 向左倾斜，斜率为负值，这意味着压力增大，冰的熔点下降，这是由于冰熔化成水时体积收缩造成的。对于一元体系的相变，可以根据克劳修斯-克拉佩隆公式计算，即

$$\frac{\mathrm{d}p}{\mathrm{d}T} = \frac{\Delta H}{T \Delta V} \tag{8-9}$$

式中，ΔH 和 ΔV 分别为相变时的焓变及体积变化。对于大多数物质来说，固-液反应，ΔH 为正值，ΔV 多数情况下也为正值，相界线的斜率一般为正值。固-气、液-气反应的 ΔH 及 ΔV 值的符号一般也都是正值，这类物质统称为硫型物质。但水等物质例外，冰熔化成水时吸热 $\Delta H > 0$，而体积收缩 $\Delta V < 0$，因而造成 $\mathrm{d}p/\mathrm{d}T < 0$，这类熔融时体积收缩的物质统称为水型物质。

8.3　二元相图

由两种物质 A、B 构成的 A-B 二元体系，根据吉布斯相律，体系的自由度 $F = 3 - P$，体系的最大自由度为 $F = 2$ 时，这两个自由度就是温度和成分。因此二元体系凝聚态相图，仍然可以用二维平面图来描述，涉及固-液反应的二元相图大都是在 101.325 kPa 大气压下的温度-成分（T-x）相图。成分可以用摩尔分数或质量分数来表示，A-B 二元体系两个组元的摩尔分数或质量分数之和为 1，即 $x_A + x_B = 1$；$w_A + w_B = 1$。

8.3.1　二元相图的基本类型

二元体系中有五类代表性的相图，分别为匀晶相图、共晶相图、包晶相图、偏晶相图和固相完全不溶共晶相图。图8-4给出了这五种代表性相图，图中L表示液相，α、β表示固相，接下来分别对代表性相图进行——介绍。

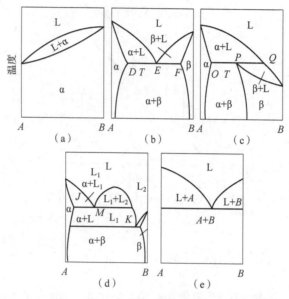

图8-4　二元体系五类代表性相图

(a) 匀晶相图；(b) 共晶相图；(c) 包晶相图；(d) 偏晶相图；(e) 固相完全不溶共晶相图

图8-4(a) 中的两组元由于化学性质相近、晶体结构相同、晶格常数相差不大，导致它们不仅在液态或熔融态完全互溶，而且在固态也完全互溶，形成成分连续可变的连续固溶体，相图即为全互溶型的匀晶相图。相图中高温侧的相界线称为液相线，低温侧的相界线称为固相线。一定成分的试样从液相开始冷却时，在液相线温度开始凝固，在固相线温度凝固结束。在陶瓷中，具有匀晶相图的二元体系有 $NiO-CoO$、$CoO-MgO$、$NiO-MgO$、$Al_2O_3-Cr_2O_3$、$MgO-FeO$、$TiC-TiN$、$SiO_2-Al_2O_3$ 等。

图8-4(b) 为典型的共晶相图，两组元在液态可以无限互溶，而在固态只能部分互溶，甚至完全不溶。固相分离成富 A 组元的 α 相与富 B 组元的 β 相。相图中共晶成分为点 E 所对应的成分，在共晶温度 T_E 下，具有共晶成分的液相 L，成分为 D 的 α 相及成分 F 的 β 相三相平衡共存。由成分为 E 的液相同时生成 α 和 β 相的反应为

$$L(E) \longrightarrow \alpha(D) + \beta(F) \tag{8-10}$$

此反应称为共晶反应，共晶温度 T_E 为体系液相存在的最低温度。具有这种形式相图的二元体系有 $CaO-MgO$、$CaO-NiO$、$Al_2O_3-ZrO_2$ 等。

相图中的液相 L 被固相 S 所代替也可以发生类似的反应，称为共析反应，即

$$S(E) \longrightarrow \alpha(D) + \beta(F) \tag{8-11}$$

如果二元体系中的两个组元在液相时完全互溶，但在固相时完全不互溶，那么共晶相图就变成图8-4(e) 所示的固相完全不溶共晶相图。这里介绍陶瓷二元相图中的两类共晶相图，即 $SiO_2-Al_2O_3$ 系二元相图与 $ZrO_2-Y_2O_3$ 系二元相图。

首先是 $SiO_2-Al_2O_3$ 系二元相图，如图8-5所示，图中 x（Al_2O_3）为 Al_2O_3 的摩尔分数，SiO_2 与 Al_2O_3 二元体系几乎不互溶。莫来石的成分约为 $SiO_2-60\%Al_2O_3$，此二元体系在 1 828 ℃

发生包晶反应，即

$$L+Al_2O_3（固） \longrightarrow 莫来石（固） \tag{8-12}$$

在 1 587 ℃发生共晶反应，即

$$L \longrightarrow SiO_2（固）+莫来石（固） \tag{8-13}$$

图 8-5 中点画线所包围的区域介于石英与莫来石之间的亚稳态两相分离区。含有 SiO_2 的体系中，大都会出现这种亚稳态两相分离，这在玻璃制造业中起着重要作用。SiO_2-Al_2O_3 系中出现的莫来石，热膨胀系数小，耐热冲击性能优越，作为结构材料被广泛应用。莫来石烧结时，在较低的温度下即可出现富 SiO_2 液相，因此不加烧结助剂在 1 500~1 650 ℃下热压，即可制备出透明的烧结体。

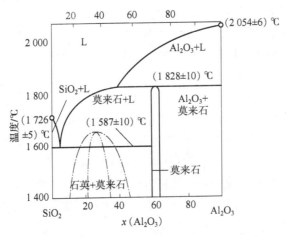

图 8-5 SiO_2-Al_2O_3 系二元相图

图 8-6 是 ZrO_2-Y_2O_3 系二元相图，图中 x（Y_2O_3）为 Y_2O_3 的摩尔分数。在此二元体系中，富 ZrO_2 材料很受重视，因为它具有比常规陶瓷更高的韧性和强度，且在高温下具有优良的离子传导性。在 ZrO_2 中加入 Y_2O_3 后，使得 ZrO_2 的相变点降低，并变成一个温度区间，即起到了稳定高温相的作用。因此，Y_2O_3 被称为 ZrO_2 的稳定剂。

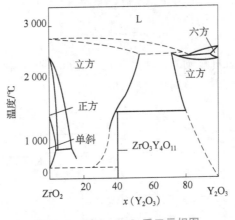

图 8-6 ZrO_2-Y_2O_3 系二元相图

利用 c-ZrO_2 良好的离子传导性，再加入适量的稳定剂，可在室温下获得 c-ZrO_2 单相材料，这就是全稳定氧化锆（FSZ）；将稳定剂的含量适当减少，使 t-ZrO_2 部分亚稳到室温，

便得到部分稳定氧化锆（PSZ）或使 t-ZrO$_2$ 全部亚稳到室温得到单相多晶氧化锆（TZP），其中 TZP 是室温下强度和韧性最高的。

图 8-4(c) 为典型的包晶相图，在包晶温度 T_P 下，成分为 O 的固相 α，成分为 P 的固相 β 与成分为 Q 的液相 L 三相共存。由固相 α 和液相 L 生成固相 β 的包晶反应为

$$\alpha(O)+L(Q)\longrightarrow\beta(P) \tag{8-14}$$

同样地，若将上述反应式中的液相 L 换成固相 S，则发生类似的包析反应，即

$$\alpha(O)+S(Q)\longrightarrow\beta(P) \tag{8-15}$$

一般情况下，由于液相原子间结合力弱、间距大、长程无序、原子扩散容易，导致在液相状态下的 A、B 两组元之间的互溶比固态下容易得多。然而，在自然界中也存在部分二元体系即使在液相状态下也不互溶，图 8-4(d) 所示的偏晶相图就属于此类情况。偏晶转变是由一个液相 L_1 分解为一个固相和另一成分的液相 L_2 的恒温转变。在相图中的 L_1+L_2 相区内，液体分离成不同的两种液相，这种钟罩形的双液相分离区常被称为双相调幅，从高温液态单相区冷却至双相调幅区时，发生调幅反应，即

$$L\longrightarrow L_1+L_2 \tag{8-16}$$

当液相中 A、B 两组元间相互排斥时，则产生双相分离。在偏晶温度 T_L 时，成分 M、K 的两个液相 L_1 与 L_2 相和成分为 J 的 α 相三相共存平衡，此时产生偏晶反应，即

$$L_1(M)\longrightarrow\alpha(J)+L_2(K) \tag{8-17}$$

与 SiO$_2$ 有关的二元相图，液相分离的较多，这种双相分离在固相也很常见，例如 TiO$_2$-SnO$_2$ 及 TiC-ZrC 等系在固相状态时即可分离成结构相同而成分不同的两相。

8.3.2　二元相图的杠杆规则

平衡状态下各相的含量可根据相图由杠杆规则求出，图 8-7(a) 所示的二元相图中，含量为 c_o 的二元体系物质在温度 t_1 时处于液相 L+α 两相平衡状态，通过 t_1 作水平等温线，与液相线、固相线相交点在坐标的投影，即为 L 的相对含量 c_L 和 α 相的相对含量 c_α。另外，液相 L 的质量分数为 w_L，α 相的质量分数为 w_α，则 $w_L+w_\alpha=1$，$w_Lc_L+w_\alpha c_\alpha=1\cdot c_o$，进而可以得出

$$\frac{w_L}{w_\alpha}=\frac{ob}{ao}=\frac{c_\alpha-c_o}{c_o-c_L} \tag{8-18}$$

如图 8-7(b) 所示，杠杆规则就是将点 o 视为支点，把 w_L 和 w_α 看成作用于 a、b 两点的力，由力学上的杠杆定理就可以得到式（8-18）。

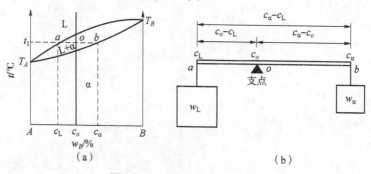

图 8-7　二元相图的杠杆规则

8.3.3 陶瓷二元相图中的谬误

与金属材料相比，陶瓷相图积累尚不充分，有时会遇到不够准确的相图，因此能够分辨错误的相图是非常重要的，图8-8列出了四类较为典型的错误相图。

首先，图8-8(a)、(b)中虚线包围的区域都是违反相律的。在图8-8(a)中，T_1温度下，固相α、β与γ三相平衡时，自由度为0，即二元体系三相平衡的温度与成分是确定不变的，不能随意选择。同样，图8-8(b)中的虚线包围的液相线的弯曲部分也是违反相律的。

其次，图8-8(c)违反了"亚稳相溶解度大于稳定相的溶解度"这一重要定律，即相界线 IH 及 KH 的延长线 HJ 及 HM 必须分别进入（β+L）及（α+L）的双相区内。

最后，图8-8(d)有两点错误，相同成分的两相平衡时，与该成分相对应的相界线上的点必须是该相界上的最高点与最低点，显然点 N 不满足此条件。再有，除单元系或出现极其稳定的化合物情况外，在这种相同的成分点处相界线的微分值必须为0，然而图中的点 N 处液相线的斜率不连续，并且 $\mathrm{d}T/\mathrm{d}x_B$ 不等于0。

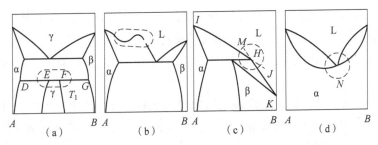

图8-8 四类典型的错误相图举例

8.4 三元相图

在实际生产中，工业上使用的大多数材料都是由两种以上的组分构成的，这样的材料就形成了三元体系、四元体系等多元系统。要全面了解材料的结构、性能及相应加工工艺，就需要掌握和应用三元甚至多元相图。通过二元相图学习后可知，二元体系材料的二元相图是由体系内两组分之间相互作用的性质所决定。而对于三元相图内三种组分之间的相互作用，从本质上来说，与二元相图内组分间的作用没有区别，但是由于增加了一个组分，情况变得更为复杂，因而三元相图要比二元相图复杂得多。

8.4.1 三元相图组成的表示方法

对于三元体系，根据吉布斯相律，体系的自由度 $F=4-P$，当 $F=0$ 时，P 为4，即三元体系中可能存在的平衡共存相数最多为4个；当 $P=1$ 时，体系最大自由度为3，这三个自由度指温度和三个组分中任意两个的浓度。三元相图是一个三坐标的立体图，但这样的立体图不便于应用，实际中使用的是它的平面投影图。

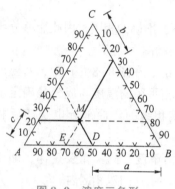

图 8-9　浓度三角形

通常使用一个每条边被均分为一百等份的等边三角形（浓度三角形）来表示三元体系的组成。如图 8-9 所示，浓度三角形的 3 个顶点表示 3 个纯组分 A、B、C 的一元体系；3 条边 AB、BC、CA 分别表示两两相邻的两个组元；而在三角形内的任意一点都表示一个含有 A、B、C 3 个组分的三元体系。

以图 8-9 中的点 M 为例，体系中 3 个组分的含量可用下面方法表示：过点 M 作 BC 边的平行线，在 AB、AC 边上得到截距 $a = A\% = 50\%$；同样地，过点 M 分别作 AC、AB 边的平行线，就会得到截距 $b = B\% = 30\%$ 和 $c = C\% = 20\%$。根据等边三角形的几何性质，不难证明：$a + b + c = 100\%$。根据浓度三角形这种表示组成的方法，不难看出，一个三元组成点愈靠近某一角顶，该角顶所代表的组分含量必定愈高。

在浓度三角形内，如图 8-10 所示的四条规则对分析实际问题非常有帮助。

（1）等含量规则：平行于三角形某一边的直线上的各点，其第三组分的含量不变。在图 8-10（a）中，MN//AB，则 MN 线上的任一点的 C 的含量相等，变化的只有 A、B 的含量。

（2）定比例规则：从三角形某角顶引出的射线上的各点，其组成中的另外两个组分含量比例不变。在图 8-10（b）中，CD 线上的各点 A、B、C 3 个组分的含量都不同，但是 A 与 B 含量的比值是不变的，都等于 BD：AD。

（3）直线规则：在图 8-10（c）中，在三角形中某一浓度为 P 的组成分解为 M、N 两相时，P、M、N 3 个浓度点必定位于同一条直线上，并且 M、N 分别位于 P 的两侧，这也是杠杆规则的一个延伸。

（4）背向性规则：在图 8-10（d）中，如果原始物系 M 中只有纯组分 C 析晶，则组成点 M 将沿 CM 的延长线且背离顶点 C 的方向移动，即从 M 移动到 M'。这个规则可以看成是定比例规则的一个自然推理。

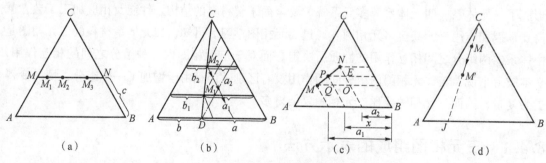

图 8-10　浓度三角形的四条规则

（a）等含量规则；（b）定比例规则；（c）直线规则；（d）背向性规则

8.4.2 杠杆规则及重心规则

杠杆规则是讨论三元相图十分重要的一条规则，杠杆规则包括两层含义：一是由两个相合成一个新相时，新相的组成点必在原来两相组成点的连线上；二是新相组成点与原来二相组成点的距离和二相的量成反比。

三元体系中的最大平衡相数为 4，在处理四相平衡时，就会用到重心规则。处于平衡的四相组成设为 M、N、P、Q，如图 8-11 所示，这 4 个相点在相图中的相对位置可能存在下列三种配置方式。

（1）在图 8-11（a）中，点 P 在 $\triangle MNQ$ 内部。根据杠杆规则，M 与 N 可以合成 S 相，而 S 相与 Q 相可以合成 P 相，即 $M+N=S$，$S+Q=P$，结合即为：$M+N+Q=P$。表明 P 相可以通过 M、N、Q 三相合成，反之，从 P 相中可以析出 M、N、Q 三相。点 P 所处的位置，叫作重心位。

（2）在图 8-11（b）中，点 P 处于 $\triangle MNQ$ 的 MN 边的外侧，并且在另外 QM、QN 两条边的延长线包围范围内。根据杠杆规则可得，$P+Q=t$，$M+N=t$，结合即为：$M+N=P+Q$。表示 P 和 Q 两相可以合成 M 和 N 两相，反之亦然，此时点 P 所处的位置，叫作交叉位。

（3）在图 8-11（c）中，点 P 处于 $\triangle MNQ$ 的 M 角顶外侧，且在形成此角顶的两条边 QM、NM 的延长线范围内。由杠杆规则可得，$P+N+Q=M$，即从 P、N、Q 三相可以合成 M 相，此时点 P 所处的位置，叫作共轭位。

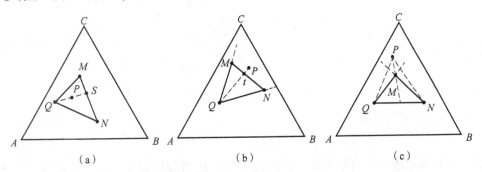

图 8-11 重心原理
（a）重心位；（b）交叉位；（c）共轭位

8.4.3 三元立体相图

将一个浓度三角形作为底部，而温度轴垂直于浓度三角形平面，这样就构成了三元立体相图。这里以三元匀晶相图与三元共晶相图为例，对三元体系立体相图进行简要的介绍。

三元体系中的任意两个组元在液态、固态都可以完全互溶，它们组成的三元相图为三元匀晶相图，如图 8-12 所示。相图中给出的 3 个组元 A、B、C，无论是在液相还是在固相

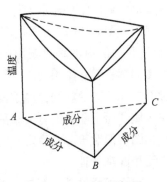

图 8-12 三元匀晶相图

均完全互溶，它是由 AB、BC、CA 3 个二元匀晶相图拼在一起构成的三棱柱，底面是浓度三角形，上表面是三条液相线围成的液相面，中间是三条固相线围成的固相面。

图 8-13 为由 A、B、C 3 个组元组成的液相完全互溶，而固相部分互溶的三元共晶相图。相图中有一个液相 L 和三个固相 α、β 与 γ，相图的 3 个侧面分别是 3 个组元中的 2 个组元 AB、BC、CA 的二元共晶相图，3 个二元体系中的液相线在三元体系中变成了液相面，共晶点变成了 E_1E_0、E_2E_0 及 E_3E_0，二元共晶反应分别在各共晶线上发生，以 E_1E_0 共晶线上的共晶反应为例：$L \longrightarrow \alpha + \beta$，即在 E_1E_0 线上液相 L 会形成 α 相和 β 相两固相。而 E_0 为该相图的三元共晶点，在点 E_0 发生的反应为：$L \longrightarrow \alpha + \beta + \gamma$，即在点 E_0 处液相 L 会形成 α 相、β 相和 γ 相三固相。

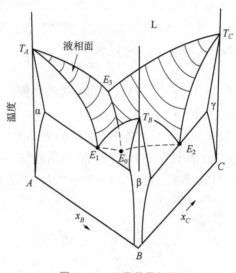

图 8-13　三元共晶相图

8.4.4　三元截面图

在三元共晶相图中，液相存在的最低温度为点 E_0 对应的温度，几乎所有的三元相图都比该相图复杂得多，此时通常采用截面图来分析讨论相平衡。

三元截面图有两类，一类是垂直截面图，一类是等温截面图。垂直截面图是显示平行于温度轴（垂直于浓度三角形）的某一截面，图 8-14 即为通过图 8-13 中三元共晶相图的共晶点 E_0 且平行于 AB 轴的垂直截面图，通过不同的截面图可以更好地理解和判读三元立体相图。一般情况下，这种截面图不满足已经讲过的二元相图的规则，多数情况下，垂直截面图只是表示相的存在区域，而不能给出有关相平衡的信息，这样的截面图称为伪二元相图。但对于形成稳定的定比化合物的垂直截面图，却可以按二元相图来处理。

对于陶瓷材料，其二元相图基本都可以看成是伪二元相图，

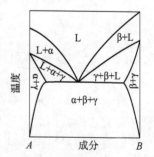

图 8-14　通过共晶点 E_0 的垂直截面图

例如 SiO_2–Al_2O_3 系可以看成是 Si–Al–O 三元体系的垂直截面图之一，由于 SiO_2 与 Al_2O_3 都是稳定的定比化合物，因此其垂直截面图可以看成是二元相图。但构成二元体系的氧化物、碳化物、氮化物等陶瓷具有不定比性时，则不能将其看作单一组元处理，此时二元相图中就会出现违反相律的形式，这是由化合物的不定比性造成的。

等温截面图是用平行于三元立体相图底面的平面，经过切割得到的断面投影图，等温截面图可以表示等温时的相平衡，所以也称为等温状态图。图 8-15 是图 8-13 的三个等温截面图，假设共晶温度 $T(E_3) > T(E_2)$ 与 $T(E_1)$。在分析三元体系时，应将三元立体相图与等温截面图对应起来分析，通过实验可以测得不同温度下的等温截面图，将这些等温截面图按温度梯度排列就构成了立体状态图，整个作图过程可以通过计算机快速完成。

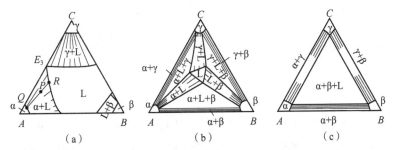

图 8-15　三元共晶相图的三个等温截面图

(a) $T = T(E_3)$；(b) $T(E_3)$、$T(E_2)$、$T(E_1) > T > T(E_0)$；(c) $T < T(E_0)$

图 8-15 的两相区中许多细线为等活度线，等活度线是连接组成原子的活度值相等的成分点而得到的线，表示此温度下相互平衡的两相成分。图 8-15(a) 中点 P 组成的试样，平衡时分离为点 R 组成的液相和点 Q 组成的 α 相，在这种平衡状态下两相的相对含量 w_L 与 w_α 在等活度线上满足杠杆规则，即

$$\frac{w_\alpha}{w_L} = \frac{PR}{PQ} \tag{8-19}$$

8.4.5　三元投影状态图

三元立体相图不便于实际应用，解决该问题的方法是把三元立体相图向浓度三角形底面投影成平面图。对于含有石英或硅酸盐的材料体系，特别是在玻璃制造工艺过程中，三元投影状态图往往比等温截面图更重要，即将共晶线和初晶面投影到浓度三角形上，如图 8-16 所示。二元共晶线的投影为 E_1E_0、E_2E_0 及 E_3E_0，间隔 100 ℃时初晶面等温线也投影到了浓度三角形上。以图 8-16 中点 P 为例来讨论从液相冷却时的情况，在约 1 300 ℃初晶 α 相开始凝固，随着温度的下降，α 相体积分数增加的同时，液相的成分从点 P 向点 Q 变化。当成分变化到达点 Q 时发生共晶反应：$L \longrightarrow \alpha + \gamma$，随着共晶组织的形成，剩余液相的成分从点 Q 向点 E_0 变化，在点 E_0 发生三元共晶反应而结束凝固。由此可见，这种投影图对于了解凝固过程中固相和液相的变化是非常有用的。

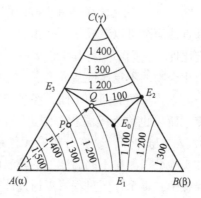

图 8-16　三元投影状态图

8.5　四元相图

对于四元体系，根据吉布斯相律，体系的自由度 $F=5-P$，当 $F=0$ 时，P 为 5，即体系中可能存在的平衡共存相数最多为 5 个；当 $P=1$ 时，体系的最大自由度为 4，这 4 个自由度指温度和 4 个组分中任意 3 个的浓度。

四元体系组成通常用正四面体表示，如图 8-17 所示，正四面体的 4 个顶点表示 A、B、C、D 4 个纯组分的一元体系。6 条棱 AB、BC、CA、AD、BD、CD 分别表示 6 个相应的二元体系，4 个正三角形侧面 ABC、ADC、ABD、BCD 则代表相应的 4 个三元体系。正四面体内的任意一点表示一个四元体系的组成。

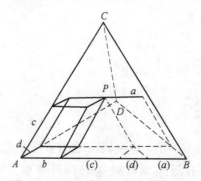

图 8-17　四元体系的正四面体相图

对于四元体系的研究，一般不用立体图来描述，但对定比化合物来讲，四元体系则可以用相图来描述，例如 $Si_3N_4-Al_2O_3$ 系塞隆陶瓷。图 8-18 是 $Si_3N_4-SiO_2-Al_2O_3-AlN$ 系的等温截面图，纵轴表示 O 当量 $\dfrac{2[O]}{3[N]+2[O]}$，横轴表示 Al 当量 $\dfrac{3[Al]}{4[Si]+3[Al]}$。该四元体系中出现多种相，在富 AlN 区存在 8H、15R、12H 等多种长周期相，这些相中 β 相具有优良的机械性能，其基本成分是由 $Si_3N_4-Al_2O_3$ 形成的固溶体。这种固溶体并非在 Si_3N_4 晶格中形成空位，而是 Al^{3+} 与 O^{2-} 相互置换、相互固溶。实际中塞隆陶瓷的合成是用 Si_3N_4、Al_2O_3、AlN

或 Si_3N_4、SiO_2、AlN 三种粉末在 1 750~1 850 ℃高温下烧结得到的，要想得到高性能的塞隆陶瓷，就必须控制烧结时产生的富 SiO_2 液相量。

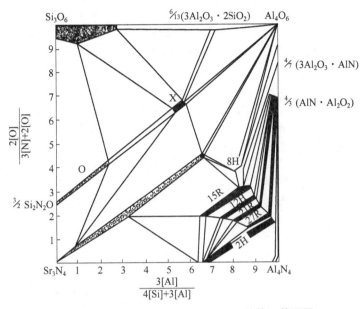

图 8-18　Si_3N_4-SiO_2-Al_2O_3-AlN 系的等温截面图

第三篇

陶瓷显微结构与性能

第9章 陶瓷显微结构

在第 5 章和第 6 章中讨论了一个晶粒范围以内的微观结构，即晶体结构和晶体缺陷。此外，在陶瓷材料的实际研究和应用中，显微组织大多是由晶粒或更大的组织单元构成的，它与晶体结构和晶体缺陷同等重要地决定着陶瓷材料的性能。本章主要对单相多晶陶瓷、复相多晶陶瓷、晶界与晶界相以及陶瓷基复合材料进行讨论分析。

9.1 单相多晶陶瓷

晶粒形态除受机械载荷作用的影响外，还取决于冷却速度、固-液相界面能、固态相变或烧结时相界或晶界的界面能。通常，精细陶瓷大都是采用超细粉烧结或再经后续热处理制备得到的，因此，陶瓷显微组织的晶粒形态主要取决于烧结及固态相变。

9.1.1 等轴晶

为了便于讨论，此处仅分析二维多晶界面，并假定晶界能是各向同性的。图 9-1 是两个相同晶粒接触时的晶界张力示意图，体系达到平衡时，$\gamma_{1,1} = 2\gamma_{1,2}\cos(\theta_2/2)$，其中 $\gamma_{1,1}$ 表示晶粒 1 与晶粒 1 之间的表面张力，$\gamma_{1,2}$ 表示晶粒 1 与晶粒 2 之间的表面张力。通常，等轴晶的晶形规则完整，则 $\gamma_{1,1} = \gamma_{1,2}$，$\theta_1 = \theta_2 = 120°$，此时理想晶粒的形状应是正六边形。因为晶界之间的夹角为 120° 时，体系的能量最稳定，这个角度的任何变化，都将引起体系能量的增大。因此当体系处于平衡时，每个晶界的相交角度都应是 120°。然而实际的单相多晶材料中，晶粒并不都是六边形。为了保持晶界间夹角 $\theta = 120°$ 来降低体系能量，通常小于六边的多边形的晶粒需要晶界外凸，而大于六边形的多边形晶粒的晶界则保持内凹。

在实际应用中，经常通过控制烧结温度来获得等轴晶微观组织，以获得良好的性能。将含 Y_2O_3 的

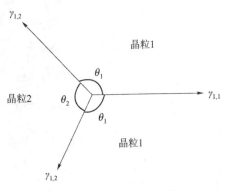

图 9-1 晶界张力示意图

摩尔分数为 2%~3% 的 ZrO_2 坯体置于 t 相单相区进行烧结，其晶粒尺寸小于 t-m 转变临界尺寸 d_c，待冷却至室温即可得到 TZP 等轴晶微观组织。图 9-2 为 1 400 ℃ 和 1 600 ℃ 下烧结体的晶粒形态，在没有添加任何烧结助剂的情况下，可以看出，等轴晶结合致密，无其他晶界相存在，这种微观组织具有很高的韧性和强度。

（a）   （b）

图 9-2　烧结 ZrO_2（其中 Y_2O_3 的摩尔分数为 2%）等轴晶形态

（a）1 400 ℃；（b）1 600 ℃

9.1.2　棒（针）状晶

棒状或针状晶也是常见的一种晶粒形态，它们的形成主要是由于烧结过程中相变引起的点阵重构或烧结过程中发生晶粒择优取向长大造成的。$\alpha\text{-}Si_3N_4 \longrightarrow \beta\text{-}Si_3N_4$ 是形成棒状晶最典型的例子，烧结前 Si_3N_4 粉体中 α 相为颗粒状，在 1 800 ℃ 下烧结处理过程中 α 相转变为 β 相，$\beta\text{-}Si_3N_4$ 晶粒的生长择优取向，沿 <0001> 方向生长形成棒状，如图 9-3 所示。这种棒状组织若与基体结合良好，则具有类似短纤维自增强材料的作用。一般情况下，陶瓷材料最理想的晶粒形态是等轴晶，等轴晶规则完整，有利于获得致密的陶瓷烧结体。

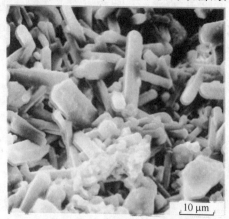

图 9-3　棒状 $\beta\text{-}Si_3N_4$ 的晶粒形态

9.2　复相多晶陶瓷

复相多晶陶瓷的显微组织主要通过两种方式来获得，一是利用烧结过程中的固态相变形成多相复合的组织结构，另一种是靠共晶反应的液相凝固形成两相交替排列的显微组织。

9.2.1　固相反应复相陶瓷

固相反应是获得复相组织的主要方式，其途径主要有三种。

1. 高温相部分保留到室温形成部分稳定的复相组织

将 TZP 陶瓷适当提高烧结温度，使得一部分晶粒长大超过 t-m 相变临界尺寸 d_c，则冷却时，$d>d_c$ 的晶粒转变为 m 相，而室温下得到非平衡亚稳 t 相与平衡相 m 的 t+m 双相组织，如图 9-4 所示。这种组织由于其相变增韧、微裂纹增韧及残余应力增韧等多种机制复合增韧作用而获得很高的韧性。

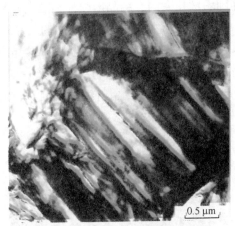

图 9-4　ZrO_2 的 t+m 双相显微组织

2. 在双相区烧结或热处理获得双相组织，再快速冷却将其保留至室温

将 ZrO_2-Y_2O_3 陶瓷置于 c+t 双相区进行等温处理，分离成 c+t 双相组织，再经快速冷却后便获得室温 c+t 双相组织，如图 9-5 所示。图中的大晶粒为高温 c 相，小晶粒为 t 相。实际上部分 c 相大晶粒（Y_2O_3 含量低）已经转变为 t′ 相，而部分尺寸大且 Y_2O_3 含量低的 t 相晶粒则转变为 m 相，最终显微组织中主要含有 c+t+t′+m 等相晶粒。

3. 高温单相固溶处理后降温至双相区时效

将 ZrO_2-Y_2O_3 或 ZrO_2-MgO 陶瓷在高温 c 相单相区固溶处理后，再降温至 c+t 双相区进行等温时效处理，则在 c 相基体上逐渐析出 t 相，即得到 c+t 双相组织。当 t 相析出物长大破坏与基体的共格关系，且 Y_2O_3 含量足够低时，时效后冷却过程中则 t 相转变为 m 相，进而得到 c+t+m 相复合组织。

图 9-5　ZrO_2-Y_2O_3的 c+t 双相显微组织

9.2.2　共晶组织

共晶组织的生成往往伴随着液相凝固，结晶出两种不同成分和不同晶体结构的机械混合物。在一个二元共晶相图中，当成分落在 A、B 两点之间的共晶线上时，共晶相形成后，液相成分逐渐向共晶点变化，到达共晶点时则发生共晶反应。共晶反应时两相交替形核并相伴生长，表现为一种两相交替周期定向排列的复相组织，或者一相为纤维状，另一相为基体，或者两相层片相间。图 9-6 为 ZrO_2-Al_2O_3共晶组织的截面图，ZrO_2相与 Al_2O_3基体交替排列，其中直径为 268 nm 的棒状 ZrO_2相原位嵌入 Al_2O_3相中。

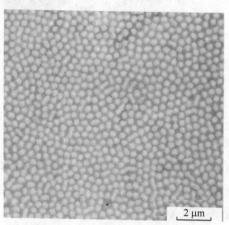

图 9-6　ZrO_2-Al_2O_3共晶组织的截面图

9.3　晶界与晶界相

众所周知，陶瓷材料是由细微粉料烧结而成的。烧结过程中细微颗粒形成大量的结晶中心，当它们发育成晶粒并逐渐长大相遇时，晶粒与晶粒之间就形成晶界，因此，陶瓷是由形状不规则和取向不同的晶粒构成的多晶体。在高技术领域内，往往要求材料具有细晶交织的多晶结构以提高机械性能，此时晶界在材料中所起的作用就更为突出。受相邻晶粒势场的作用，两晶粒都力图使晶界上的原子排列符合各自的取向，当达到平衡时，晶界上的原子就形成某种过渡的排列。此外，晶界一般只有几个原子的厚度，晶界区域的原子在两个不同晶粒的共同作用下处于非平衡状态，因而获得较高的能量，图 9-7 是 Al_2O_3-ZrO_2 陶瓷的晶界结构。

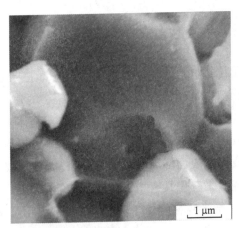

图 9-7　Al_2O_3-ZrO_2 陶瓷的晶界结构

晶界相是一种聚集在陶瓷晶界处的低熔点杂质物相，烧结过程中烧结助剂与其他外加剂形成低熔点的液相，在较低温度下即可形成液相，液相通过其表面张力填充气孔，能够在一定程度上抑制晶粒的再结晶，促进烧结，降低烧结温度。例如，AlN 熔点高，难以致密烧结，为了实现 AlN 陶瓷的烧结，以 Si_3N_4-Y_2O_3 作为复合烧结助剂，在 1 800 ℃下烧结制备了致密化的 AlN 陶瓷。图 9-8 是其抛光表面的背散射电子图像，图中黑色片状颗粒为 AlN 相，黑色纤维状颗粒为（$Si_{2.4}Al_{8.6}O_{0.6}N_{11.4}$）多晶相，晶界处存在的白色相则为 $Y_3AlSi_2O_7N_2$，三者有机地结合起来，实现了 AlN 陶瓷的致密烧结。

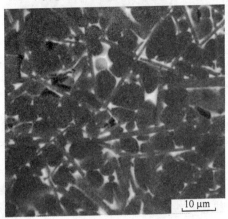

图 9-8　AlN 陶瓷抛光表面的背散射电子图像

9.4 陶瓷基复合材料

为了克服陶瓷材料的脆性，经常在陶瓷中加入或生成颗粒、纤维、晶须等增强材料，提高陶瓷的韧性，因此陶瓷基复合材料的显微组织主要是由陶瓷基体、增强体（颗粒、纤维和晶须）和界面所组成的。

9.4.1 颗粒增强陶瓷基复合材料

改善陶瓷基本性能的颗粒状材料通常称为颗粒增强体，主要为具有高强度、高模量、耐热、耐磨、耐高温的陶瓷颗粒，常见的有碳化硅、氧化铝、氮化硅、碳化钛、碳化硼、硼化钛、氧化锆等。它们的颗粒尺寸一般在 10 μm 以下，加入基体中能够起到耐磨、耐热、增强以及增韧的作用。与此同时，颗粒增强陶瓷基复合材料的制备首先要解决颗粒的分散问题，一般采用超声分散以及添加表面活性分散剂等办法避免颗粒发生团聚，使颗粒均匀分散在基体粉末中，再经热压烧结来获得具有增强相粒子均匀分布的显微组织。例如，采用无压烧结工艺制备了 ZrO_{2p}/Al_2O_3 纳米复相陶瓷，从图 9-9 可以看出，球形 ZrO_2 颗粒分布于基体晶界处，对基体可以起到强韧化作用。类似的颗粒增强陶瓷基复合材料还有 ZrO_{2p}/Si_3N_4、SiC_p/Al_2O_3、TiC_p/Al_2O_3、$ZrO_{2p}/$莫来石等。

图 9-9 ZrO_{2p}/Al_2O_3 纳米复相陶瓷的显微组织

9.4.2 纤维增强陶瓷基复合材料

改善陶瓷基本性能的纤维称为纤维增强体。纤维增强陶瓷基复合材料由于纤维定向排布而具有明显的各向异性，纤维排布纵向上的性能显著高于横向。因此，在承受单向拉伸载荷时往往要求纤维排布方向，以此来提高拉伸性能。此外，纤维增强陶瓷基复合材料的制备要解决好纤维表面与基体的润湿问题，必要时纤维表面要进行处理以提高界面结合质量，同时还要考虑热力学相容性以及热失配问题。图 9-10 是 C_f/SiC 陶瓷基复合材料的断口显微组织，纤维与基体界面很好地结合在一起，极大地改善了陶瓷基复合材料的韧性。

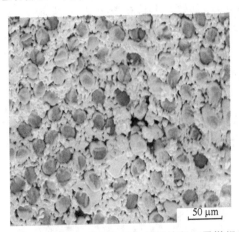

图 9-10　C_f/SiC 陶瓷基复合材料的断口显微组织

9.4.3　晶须增强陶瓷基复合材料

晶须是目前已知纤维中强度最高、具有一定长径比（一般大于 10）、断面积小于 5.2×10^{-4} cm^2 的单晶纤维材料。晶须具有较强的机械强度，主要表现为内部结构完整、缺陷少。晶须增强陶瓷基复合材料，既有颗粒增强陶瓷基复合材料那样简单的制备工艺，又在一定程度上保留了纤维增强陶瓷基复合材料性能上的特点，因此受到广泛的关注。其中 SiC 和 Si_3N_4 晶须具有高达 1 900 ℃以上的熔点，Al_2O_3 晶须在 2 070 ℃高温下，仍能保持 7 000 MPa 的抗拉强度。图 9-11 是 SiC_w/Al_2O_3 陶瓷基复合材料的显微组织，由图可看出，晶须排列有一定的择优取向，但界面结合良好，晶须分布比较均匀。

图 9-11　SiC_w/Al_2O_3 陶瓷基复合材料的显微组织

9.4.4 陶瓷基复合材料的界面

　　界面是陶瓷基复合材料中增强体与基体的接触面，界面的性能决定着材料的性能。根据不同性能的要求，可形成不同的界面。一般情况下，界面可分为两大类。一类是无反应层界面，这种界面上的增强相与基体直接结合形成原子键合共格界面或半共格界面，有时也形成非共格界面。通常这种界面结合较强，有助于提高陶瓷基复合材料的强度。图 9-12 给出了 SiC_w/ZrO_2 陶瓷基复合材料的界面结构，经快速烧结工艺制备得到的 SiC 晶须增强 ZrO_2 陶瓷基复合材料，界面呈锯齿状，呈现良好的结合。另一类界面是增韧相与基体之间存在一层反应层，中间反应层将增韧相与基体结合起来。这种界面层一般都是低熔点非晶相，有利于陶瓷基复合材料的致密化。

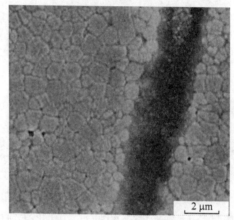

2 μm

图 9-12　SiC_w/ZrO_2 陶瓷基复合材料的界面结构

第 10 章　陶瓷相变

绝大多数陶瓷都存在同素异构转变现象，即随着温度的变化产生晶体结构的变化，其中有的转变是不可逆的，如 $\gamma\text{-}Al_2O_3 \longrightarrow \alpha\text{-}Al_2O_3$，$\alpha\text{-}Si_3N_4 \longrightarrow \beta\text{-}Si_3N_4$ 和 $\alpha\text{-}SiC \longrightarrow \beta\text{-}SiC$ 等。而有些转变是可逆的，如 $c\text{-}ZrO_2 \longleftrightarrow t\text{-}ZrO_2 \longleftrightarrow m\text{-}ZrO_2$。由于化学成分、温度及相变条件不同，可以使得相变以不同方式进行，进而得到显微组织结构各异的相变产物。本章将介绍陶瓷的相变类型，以及无扩散型相变、扩散型相变的特点及其案例分析。

10.1　相变类型

物质的相变种类和方式很多，按照不同的分类方法可分为不同的类型。如按照物态变化分为固态相变、液-固相变、气-固相变以及液-液相变等。除此之外，还可以按照热力学和动力学方式进行分类。

10.1.1　按热力学分类

热力学分类是一种最基本的分类方法，分类依据是相变时热力学函数的变化。考虑到 α 和 β 两相之间的转变，一级相变时，两相化学势相等，但它们的一阶偏导数不等，即

$$\mu^\alpha = \mu^\beta$$

$$\left(\frac{\partial \mu^\alpha}{\partial T}\right)_p \neq \left(\frac{\partial \mu^\beta}{\partial T}\right)_p, \quad \left(\frac{\partial \mu^\alpha}{\partial p}\right)_T \neq \left(\frac{\partial \mu^\beta}{\partial p}\right)_T \tag{10-1}$$

由热力学函数关系式可知

$$\left(\frac{\partial \mu}{\partial T}\right)_p = -S, \quad \left(\frac{\partial \mu}{\partial p}\right)_T = V \tag{10-2}$$

因此，一级相变发生时，熵和体积的变化是不连续的，即相变时有相变潜热，并伴随着体积突变。晶体的熔化、升华，液体的凝固、汽化，气体的凝聚以及晶体中的大多数晶型转变都属于一级相变。

二级相变时，两相的化学势以及一阶偏导数均相等，但是二阶偏导数不等，即

$$\mu^\alpha = \mu^\beta$$

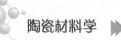

$$\left(\frac{\partial \mu^{\alpha}}{\partial T}\right)_p = \left(\frac{\partial \mu^{\beta}}{\partial T}\right)_p, \quad \left(\frac{\partial \mu^{\alpha}}{\partial p}\right)_T = \left(\frac{\partial \mu^{\beta}}{\partial p}\right)_T$$

$$\left(\frac{\partial^2 \mu^{\alpha}}{\partial T^2}\right)_p \neq \left(\frac{\partial^2 \mu^{\beta}}{\partial T^2}\right)_p, \quad \left(\frac{\partial^2 \mu^{\alpha}}{\partial p^2}\right)_T \neq \left(\frac{\partial^2 \mu^{\beta}}{\partial p^2}\right)_T, \quad \frac{\partial^2 \mu^{\alpha}}{\partial T \partial p} \neq \frac{\partial^2 \mu^{\beta}}{\partial T \partial p} \quad (10-3)$$

由热力学函数关系式可知

$$\left(\frac{\partial^2 \mu}{\partial T^2}\right)_p = -\left(\frac{\partial S}{\partial T}\right)_p = -\frac{C_p}{T}, \quad \left(\frac{\partial^2 \mu}{\partial p^2}\right)_T = VA, \quad \frac{\partial^2 \mu}{\partial T \partial p} = VB \quad (10-4)$$

式中，C_p 为恒压热容；A 为膨胀系数；B 为压缩系数。

因此，二级相变时，两相的化学势、熵和体积相等，但热容、膨胀系数和压缩系数不相等，即无相变潜热，无体积突变，只有热容、膨胀系数和压缩系数的不连续变化。一般合金的有序转变、铁磁–顺磁转变、超导转变等属于二级相变。

n 级相变被定义为，在相变点系统的化学势的第（$n-1$）阶导数保持连续，而其 n 阶导数不连续。

10.1.2　按动力学分类

根据相变过程中原子迁移方式，可以将相变分为无扩散型相变和扩散型相变。

无扩散型相变是在相变中原子不发生扩散，原子作有规则的近程迁移，以使点阵改组；相变中参与转变的原子运动是协调一致的，相邻原子的相互位置不变。例如，在低温下纯金属同素异构转变，以及一些合金中的马氏体转变等。

扩散型相变的特点是在相变过程中存在着原子的扩散运动。扩散型相变是通过热激活原子运动而产生的，要求温度足够高，原子活动能力足够强。例如，晶型转变，熔体中析晶，气–固相变、液–固相变和有序–无序转变都属于扩散型相变。

10.2　陶瓷中的无扩散型相变

陶瓷中的无扩散型相变主要有两种类型，一种是重构型相变，另一种是位移型相变。在重构型相变中，伴随着原化学键的破坏与新键的形成，原子重新排列。因此，这种相变需要较大的激活能，重构型相变较难发生，常常有高温相残留到低温相的倾向。但在重构型相变中，原子移动的距离仍然很短。然而，位移型相变是在不破坏化学键的情况下，构成晶体的原子沿着特定的晶面和晶向整体产生有规律的相对位移。因此，位移型相变所需要的激活能比重构型相变小，自然也就比重构型相变容易进行。

10.2.1　马氏体相变的基本特征

马氏体相变最早是在中、低碳钢中发现的，后来发现在 ZrO_2、$BaTiO_3$ 等陶瓷中也存在。马氏体相变是位移型相变之一，是通过剪切变化引起原子或离子的整体协调短程位移而实现的无扩散型相变，变形方式是一次切变和二次滑移或孪生变形。滑移变形得到的是位错马氏体，即板条马氏体；孪生变形得到的是孪晶马氏体，即片状马氏体。

马氏体相变具有热效应和体积效应，相变过程属形核和长大，它的基本特征可以概况为：①相变属于一级的无扩散型相变，相变时原子不会规则行走，或顺序跳跃穿越界面，新相承接了母相的化学成分、原子序态和缺陷；②相变时原子有规则地保持其相变前原子间的相对关系进行切变式的位移，这种切变使母相点阵结构切变，产生点阵畸变，而且产生宏观的形状切变，出现表面浮凸；③新相和母相将具有严格的位向关系；④两相界面（惯习面）往往不是简单指数面并在相变过程中保持不应变、不转动，进行不变平面应变；⑤在马氏体内往往具有亚结构。

10.2.2 ZrO₂ 中的马氏体相变

1. ZrO₂ 的晶体结构

纯 ZrO₂ 具有低温型的单斜相、中温型的四方相和高温型的立方相，分别记作 m-ZrO₂、t-ZrO₂、c-ZrO₂，如图 10-1 所示，三种晶型的相互转化关系为

$$m\text{-}ZrO_2 \longleftrightarrow t\text{-}ZrO_2 \longleftrightarrow c\text{-}ZrO_2 \longrightarrow 熔融$$

其中 m-ZrO₂ ⟷ t-ZrO₂ 正向转变温度约为 1 170 ℃，并伴随着 7%~9% 的体积收缩，而逆向转变温度约为 950 ℃，并伴随着 3%~4% 的体积膨胀；t-ZrO₂ ⟷ c-ZrO₂ 转变温度约为 2 370 ℃，c-ZrO₂ 熔融温度为 2 680 ℃。这三种晶型密度分别为：5.56 g/cm³（m-ZrO₂）、6.10 g/cm³（t-ZrO₂）和 5.68~5.91 g/cm³（c-ZrO₂）。

m-ZrO₂ 的空间群为 P₂₁/C，其晶胞常数为 $a = 0.516\,9$ nm，$b = 0.523\,2$ nm，$c = 0.534\,1$ nm，$\beta = 99°15'$。

t-ZrO₂ 的空间群为 P₄₂/nmc，其晶胞常数为 $a = 0.364$ nm，$c = 0.527$ nm。

c-ZrO₂ 的空间群为 Fm3m，其晶胞常数为 $a = 0.508$ nm。

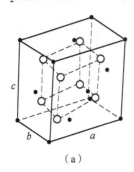 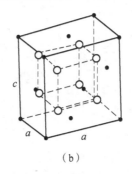 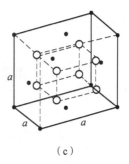

（a）　　　　　　　（b）　　　　　　　（c）

图 10-1 ZrO₂ 的晶体结构

（a）单斜相；（b）四方相；（c）立方相

2. ZrO₂ 中马氏体相变的特征

在 ZrO₂ 的多晶结构中，t-ZrO₂ ⟶ m-ZrO₂ 的相变属于马氏体相变，它是通过无扩散剪切变形实现的，这一相变过程伴随着 7%~9% 的剪切应变和 3%~4% 的体积膨胀效应。相变引起的体积膨胀往往导致纯的 ZrO₂ 制品产生摧毁性破坏。当 ZrO₂ 中加入氧化物（Y₂O₃ 等稳定剂）时，通过形成固溶体而获得完全稳定的 c-ZrO₂，避免了马氏体相变的发生，但由于

完全稳定的 ZrO_2 具有高的线膨胀系数和低的热导率使得其抗热冲击性能差。研究发现，在 $c\text{-}ZrO_2$ 固溶体基质中引入 $m\text{-}ZrO_2$，得到一种被称为相变增韧的部分稳定 $ZrO_2(PSZ)$，显著提高了 ZrO_2 的热稳定性。其显微结构特征是在立方相晶粒内及晶界处分散着一定数量的单斜相，冷却过程中四方相到单斜相的相变膨胀将抵消基体的部分冷却收缩，降低热膨胀系数。

因此，ZrO_2 中马氏体相变具有以下特点：①无扩散剪切变形；②表面产生浮凸效应；③相变产物 $m\text{-}ZrO_2$ 的亚结构是孪晶，有时伴有位错；④存在马氏体相变开始点；⑤母相与新相之间有确定的晶体学位向关系：$(100)_m//(110)_t$，$[010]_m//[001]_t$；⑥新相具有惯习面：片状马氏体为 $(671)_m$ 和 $(761)_m$，板条马氏体为 $(100)_m$；⑦具有变温转变和等温转变特征。

对于 ZrO_2 中单斜相与四方相的含量计算，通常采用 X 射线衍射（XRD）测定陶瓷本身和断口表面，并利用式（10-5）进行计算，即

$$\left.\begin{array}{c} V_m = \dfrac{I_{m(11\bar{1})} + I_{m(111)}}{I_{t(111)} + I_{m(11\bar{1})} + I_{m(111)}} \times 100\% \\[2mm] V_t = 1 - V_m \times 100\% \end{array}\right\} \qquad (10\text{-}5)$$

式中，V_m 和 V_t 分别为 ZrO_2 中单斜相和四方相的体积分数；$I_{m(11\bar{1})}$，$I_{m(111)}$ 和 $I_{t(111)}$ 分别是单斜相 $(11\bar{1})$，(111) 和四方相 (111) 晶面的衍射强度。

3. ZrO_2 中马氏体相变的驱动力

ZrO_2 发生马氏体相变时，能量变化过程如图 10-2 所示，相变自由能变为

$$\Delta G_{m/t} = -\Delta G_{chem} + \Delta U_T - \Delta U_a \qquad (10\text{-}6)$$

式中，$\Delta G_{m/t}$ 为单位体积 $t\text{-}ZrO_2$ 转变为 $m\text{-}ZrO_2$ 引起的自由能变化；ΔG_{chem} 为已相变和未相变两种状态下化学自由能差；ΔU_T 为相变弹性应变能的变化；ΔU_a 为外加应力的应变能的变化。

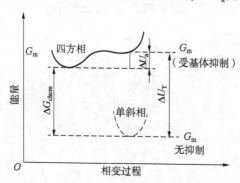

图 10-2　ZrO_2 马氏体相变时的能量变化过程

ZrO_2 是否能够发生马氏体相变，取决于相变前后自由能是否降低，即

$$\Delta G_{m/t} \leqslant 0 \qquad (10\text{-}7)$$

亦即

$$\Delta G_{chem} \geqslant \Delta U_T - \Delta U_a \qquad (10\text{-}8)$$

因此，马氏体相变的驱动力就是单斜相与四方相的化学自由能差，而相变弹性应变能的变化则是相变阻力。当两相化学自由能差不能抵消相变弹性应变能的变化时，要使 $t\text{-}ZrO_2$ 变为 $m\text{-}ZrO_2$，则需借助外力。

4. ZrO₂ 中马氏体相变的影响因素

ZrO₂ 中马氏体相变温度和体积膨胀的关系如图 10-3 所示。图中 As 是指 m-ZrO₂ ⟶ t-ZrO₂ 的相变温度，Ms 是指 t-ZrO₂ 开始发生马氏体相变的温度，Mf 指包含最小 t-ZrO₂ 晶粒完成马氏体相变的温度，其中 Ms 是描述 t-ZrO₂ 马氏体相变增韧的重要参数。影响 Ms 的因素有很多，如 ZrO₂ 的化学组成、晶粒尺寸、冷却速度、晶粒形状、弹性性能，以及其在基体或晶界的位置等。

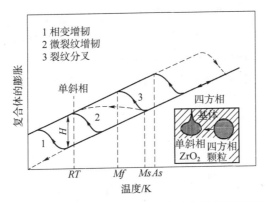

图 10-3　ZrO₂ 中马氏体相变温度和体积膨胀的关系

ZrO₂ 中 Y₂O₃ 等稳定剂含量升高时，Ms 降低，即 Y₂O₃ 含量越高，陶瓷材料中残余的四方相越多，甚至有立方相被稳定到室温。一般情况下，能发生马氏体相变的四方相中 Y₂O₃ 的摩尔分数为 0～3%。当 Y₂O₃ 含量相同时，影响 Ms 的另一个重要因素就是晶粒尺寸。这主要是界面能作用的结果。晶粒越小，界面能越大，相变阻力越大，所需驱动力越大，即 Ms 点越低。通过实验与理论推导，可以得出 Ms 与晶粒尺寸之间的关系式为

$$Ms = \frac{9.34\times10^6 d^2 - 5.49\times10^2 d - 4.97\,d^{\frac{1}{2}} - 8.69\times10^{-3}}{7.34\times10^3 d^2 + 0.565d} \tag{10-9}$$

式中，d 为晶粒直径。

冷却速度也会影响 ZrO₂ 中马氏体相变点 Ms，一般情况下，随着冷却速度的提高，Ms 降低，Mf 升高，即马氏体相变温度区间变窄，转变量减小。

5. ZrO₂ 中马氏体相变的等温相变动力学

ZrO₂ 中马氏体相变不仅能在降温连续冷却过程中发生，而且在等温过程中也能发生。图 10-4 是 ZrO₂（其中 Y₂O₃ 的摩尔分数为 2%）陶瓷的等温相变热膨胀曲线，由图可以看出，在等温前的降温过程中已有马氏体相变，在等温后的降温过程中也有马氏体相变。因此，冷却到室温的陶瓷中 m-ZrO₂ 是由三部分组成的，即等温前降温相变的 m-ZrO₂、等温过程中等温相变的 m-ZrO₂ 和等温后降温相变的 m-ZrO₂。等温前降温的马氏体相变对等温过程中的马氏体相变有促进作用。

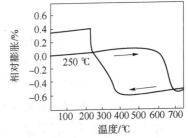

ZrO₂ 中马氏体相变是不彻底的，总有一部分残余的 t-ZrO₂ 存在，这是由于随着相变过程中 m-ZrO₂ 增加引起的体积膨胀阻碍了后续马氏体相变的发生。等温过程中

图 10-4　ZrO₂（其中 Y₂O₃ 的摩尔分数为 2%）陶瓷的等温相变热膨胀曲线

ZrO_2马氏体转变量随时间的关系符合 Avrami 方程，即

$$f = 1 - \exp(-kt^n) \tag{10-10}$$

式中，f 为等温过程中产生的 $m-ZrO_2$ 所占比例；t 为等温时间；k 为与临界形核势垒及长大激活能有关的参数；n 为指数，取决于形核位置与长大维数。

根据等温相变动力学曲线作出等温相变时的温度-时间-转变量图（即等温转变图，TTT 曲线），如图 10-5 所示。由图可以看出，与钢中等温马氏体相变等温转变图类似，呈"C"字形，在"鼻子"温度处孕育期最短，同时间内的转变量最大，这说明只有适当的温度区间最有利于马氏体相变。马氏体相变长大速度很快，因此相变速率主要是由形核控制，其主要影响因素是相变驱动力与形核势垒。温度过低，虽然相变驱动力大，但形核势垒也增大，不利于形核；温度过高，相变驱动力不足。这两个因素的相互作用产生了"C"字形曲线中的"鼻子"温度。

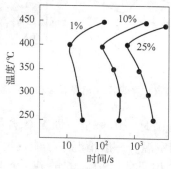

图 10-5　ZrO_2（其中 Y_2O_3 的摩尔分数为 2%）陶瓷中马氏体相变的等温转变图

6. ZrO_2 中马氏体相变的形核长大机制

ZrO_2 中马氏体相变属于非均匀形核，实验观察表明，晶界是最有利的形核位置，晶界形核势垒 ΔG^* 的计算公式为

$$\Delta G^* = \frac{4\,(b\,\gamma_{t-m} - \gamma_{t-t})^3}{27\,c^2\,(\Delta G_V - \Delta E)^2} \tag{10-11}$$

式中，γ_{t-m}、γ_{t-t} 分别是 t-m、t-t 两相界面能，是相变阻力；ΔE 为单位体积相变应变能，也是相变阻力；ΔG_V 是单位体积马氏体相变的自由能差，是相变驱动力，它与温度和化学成分有关；b、c 为常数。形核率 N 可表示为

$$N = S_V \gamma \exp\left(-\frac{\Delta G^*}{kT} - \frac{Q_m}{kT}\right) \tag{10-12}$$

式中，S_V 为单位体积内晶界面积；γ 为离子振动频率；Q_m 为 t-m 两相界面迁移激活能。

在形核长大过程中，形核为自促发形核，一片 m 相在晶界形核后纵向长大很快，几乎在形核的同时完成纵向长大，当 m 相长大的尖端遇到晶界或缺陷时，该片纵向生长停止，而由于该片的促发作用，在尖端晶界处引发另一片 m 相的形核，并沿着与前片相反但有一定夹角的方向迅速长大，如此往复而形成"N"字形的片状 m 相。整个"N"字形片状 m 相的长大是在很短时间内完成的，而片状马氏体的侧向长大是非常缓慢的，它是通过界面处原子的短程迁移而实现界面迁移的。

10.2.3　钛酸钡中的相变

钛酸钡（BaTiO$_3$）的晶体结构有六方相、立方相、四方相、斜方相和三方相等晶相，在铁电陶瓷的生产中，六方相是应该避免的晶相，实际上只有烧成温度过高才会出现六方相，其余晶相均为钙钛矿型晶体结构的变体。BaTiO$_3$晶体稳定存在的温度范围为：立方相（>120 ℃）、四方相（5~120 ℃）、斜方相（−90~120 ℃）、三方相（<−90 ℃）。

BaTiO$_3$的相变过程中，只产生晶体结构微小的变化，属于有序−无序相变，也是一种位移型的无扩散型相变。晶体结晶过程中，原子总是倾向于形成有序结构，以降低系统自由能；但是，由于热扰动的存在以及晶体的快速生长，使得原子随机占有任何可能的位置，从而形成无序结构。有序结构和无序结构之间，在一定条件下会发生同素异构转变，即有序−无序相变，相变温度被称为居里温度。

当立方 BaTiO$_3$冷却至 120 ℃时，开始发生自发极化同时发生立方 BaTiO$_3$向四方BaTiO$_3$的转变，晶体中出现一个个由许多晶胞组成的自发极化方向相同的小区域，被称为电畴。具有电畴结构的晶体被称为铁电体。铁电体失去自发极化，电畴结构消失的最低温度被称为居里温度。当立方 BaTiO$_3$转变为四方 BaTiO$_3$时，自发极化虽然可以沿不同的方向进行，但必须与原来 3 个晶轴的方向相同。所以，在四方 BaTiO$_3$中，相邻电畴的自发极化方向只能相交成180°或90°。

图 10-6 是 BaTiO$_3$的介电系数−温度特性曲线，由图可以看出，BaTiO$_3$的介电系数很大，且在居里温度 T_c 下的峰值介电系数最大，介电系数随温度的变化同样显示出明显的非线性。在居里温度 T_c 以上，随着温度的升高，介电系数随温度 T 的变化服从居里−外斯定律，即

$$\varepsilon = \frac{K}{T_c - T_0} \tag{10-13}$$

式中，T_0 为居里−外斯特性温度；K 为居里常数。

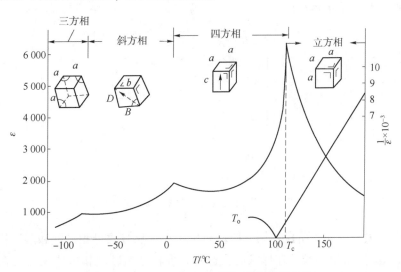

图 10-6　BaTiO$_3$的介电系数−温度特性曲线

10.3 陶瓷中的扩散型相变

10.3.1 过饱和固溶体的时效析出

将过饱和固溶体加热至高温双相区进行热处理，固相中扩散析出第二相粒子而得到双相组织，这种析出分为在母相晶粒内均匀析出和在表面、晶界及位错等缺陷上优先形核的非均匀析出。随着时效温度的降低，过饱和度增大，所以析出反应的化学驱动力增大。但温度越低，离子扩散越困难，因此并非时效温度越低，析出越快。一般来说，时效温度越低，析出相越细小弥散。

ZrO_2-Y_2O_3陶瓷过饱和固溶体在 c+t 双相区进行时效处理，在时效初期，形成细小弥散与母相共格的 t 相粒子，这些相粒子具有明显的方向性；时效后期，析出相长大呈透镜状，且透镜的内部存在孪晶，析出相和母相的共格关系遭到破坏，它们的晶体学位向并未改变。析出相粒子的形态是由界面能及基体的弹性应变能所决定的。假设粒子为椭球体，其长轴为 a，短轴为 b，在体积为 V 的母相中析出体积为 $V+\Delta V$ 的析出相，则其弹性应变能为

$$\gamma = \frac{2}{3}G\left(\frac{\Delta V}{V}\right)^2 f\left(\frac{b}{a}\right) \tag{10-14}$$

式中，G 为弹性模量，$f(b/a)$ 为形状因子。

图 10-7 是形状因子 $f(b/a)$ 与轴比 b/a 的关系曲线。当 $b/a = 1$ 时为球形，$f(b/a) = 1$；$b/a = \infty$ 时，$f(b/a) = 0.75$。由此可见，当粒子为球形时，弹性应变能最大。在时效初期，析出相粒子一般为片状或针状，此时由于界面共格，界面能小，因而弹性应变能起主导作用；而时效后期，共格关系遭到破坏，界面能增大，使弹性应变能的作用减小。因此，陶瓷的弹性应变能较大，在晶界及缺陷处析出较容易。

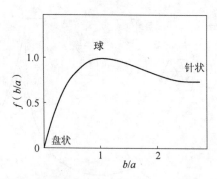

图 10-7 形状因子 $f(b/a)$ 与轴比 b/a 的关系曲线

析出相的长大分为两个阶段：第一阶段析出相粒子靠吸收母相过饱和溶质长大；第二阶段为 Ostwald 长大。析出相粒子在形核后，首先靠吸收母相过饱和溶质长大。在母相中由于存在溶质的浓度梯度，从而在基体中产生向着界面方向的溶质扩散。当垂直界面扩散的原子受某种反应所控制时，则溶质原子达到界面后，要在母相一侧界面处停留。因而，界面处母

相中溶质的浓度要升高。这种情况下，粒子的长大受界面反应控制。当母相的成分达到平衡浓度时，母相中成分的浓度梯度消失，为了减小界面能，小粒子熔化变小直至消失，而大粒子进一步长大，这个过程被称为 Ostwald 长大。粒子越小，母相的平衡浓度越高。因此在大小粒子之间的母相中产生浓度梯度，即母相中溶质原子由小粒子向大粒子扩散，其结果是大粒子从小粒子处夺取溶质原子而长大，小粒子熔化缩小直至消失。

10.3.2　调幅分解

1. 调幅分解的概念

调幅分解是一种特殊的固溶体析出形式，其特点是相变时不需要形核过程，而是通过自发的浓度起伏，浓度振幅不断增加，最终固溶体分解为浓度不同的两相，即一部分为溶质原子富集区，另一部分为溶质原子贫化区。组成的起伏是通过扩散实现的，因此调幅分解属于扩散型相变。

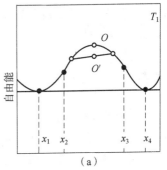

两相分离型相图与自由能-成分曲线如图 10-8 所示。由图可看出，x_1、x_4 是公切线的两个切点，x_2、x_3 是一对拐点。当 $x<x_1$ 或 $x>x_4$ 时，为稳定的单相固溶体；当 $x_1<x<x_4$ 时，单相固溶体不稳定，将分解为成分不同的两个固溶体。在自由能向下凹陷范围内，$\partial^2 G/\partial x^2>0$，固溶体中有微小的成分起伏，将引起自由能的增加，这意味着产生相分离存在热力学上的阻力，满足该条件的成分范围是 $x_1 \sim x_2$ 与 $x_3 \sim x_4$；而在自由能向上凸起范围内，$\partial^2 G/\partial x^2<0$，陶瓷成分的微小起伏会降低自由能，这意味着调幅分解会自发进行，满足该条件的成分范围是 $x_2 \sim x_3$。

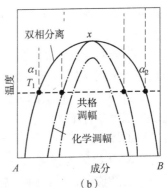

图 10-8　两相分离型相图与自由能-成分曲线

在满足调幅分解条件、成分为 x 的固溶体冷却过程中，如果发生微小的成分起伏，则成分 x 分解为 $x+\Delta x$ 和 $x-\Delta x$ 两相，系统的自由能变为

$$\Delta G \approx \frac{1}{2} \times \frac{\partial^2 G}{\partial x^2}(\Delta x)^2 \qquad (10-15)$$

因此，在调幅分解范围内，$\partial^2 G/\partial x^2<0$，故 $\Delta G<0$，说明成分起伏可以使得调幅分解自发进行。Δx 越大，调幅分解的速度越快。在调幅分解区，成分起伏是通过扩散实现的，扩散是向着浓度梯度增大的方向进行的，这种扩散被称为上坡扩散。扩散的驱动力是化学势梯度。调幅分解的机理与形核长大机理的主要差别是：①组成发生连续的变化，直至达到平衡为止；②界面起初是很散乱的，最后才明显起来；③相的尺寸和分布有一定的规律性；④通常分离相是非球形的，并具有高度的连续性。

2. 玻璃分相

在高温时是均匀的玻璃态物质，冷却至一定温度范围内分成两种或两种以上互不溶解的玻璃相或液相的现象，称为玻璃分相。随着电镜和小角度 X 光衍射技术的应用，已经观察到在许多玻璃和陶瓷系统中都存在调幅分解现象。例如：$SiO_2\text{-}Na_2O$、$B_2O_3\text{-}PbO$、$V_2O_5\text{-}P_2O_5$ 等玻璃，$TiO_2\text{-}SnO_2$、$Al_2O_3\text{-}Cr_2O_3$、$ZrO_2\text{-}Y_2O_3$ 等陶瓷。

除 BaO-SiO$_2$ 体系不相混溶区在液相线之下以外，其余体系都在液相线之上。在 BaO-SiO$_2$ 体系中，在液相线之下生成一个亚稳态的液-液不相混区，液相线呈 "S" 形。一般认为，"S" 形是发生玻璃分相的标志。

玻璃分相的产生是由于阳离子之间的互相竞争，以使周围氧离子具有最低能量结构，但受到 SiO$_2$ 网络形成倾向的限制，变性体和中间体阳离子置换网络中 Si 的能力有限。因此，当体系分离成两个液相时，就能使得体系具有最低能量，即一相倾向于形成玻璃网络结构，另一相则趋于形成能量最低的玻璃变性体结构。

利用 SiO$_2$ 体系中的调幅分解或两相分离，可从矿石中提取陶瓷原料。例如，将硅锆石熔融后冷却，则分离成富 ZrO$_2$ 相和富 SiO$_2$ 相。将其进行适当的酸处理，溶解出富 SiO$_2$ 相，剩下的就是富 ZrO$_2$ 相。

10.3.3 共析转变

1. 共析组织的形成

共析转变属于共晶转变的一种类型，它是将材料加热至共析温度以上进入固溶体单相区，然后缓慢冷却至共析温度，或过冷至共析温度以下的伪共析区，则由母相固溶体以相互协作的方式生成两个成分和结构不同的固相的过程。反应式可表示为

$$\gamma \longrightarrow \alpha + \beta \tag{10-16}$$

共析转变与共晶转变的共同点是它们的形核、长大及组织形貌非常类似，是典型的扩散型相变，不同点是共析转变属于固态相变，原子扩散要困难得多，转变速度慢。

共析转变的产物被称为共析组织。由于共析组织中两相的成分、结构及性质不同，共析组织呈现出各种不同的形态。最典型的是层状组织和纤维状组织，其中层状组织的层间距随过冷度的增大而减小。

2. 共析组织的转化

当有杂质存在时，固液界面不平滑，因而容易形成纤维状组织，但体积比是更为重要的影响因素。假设材料单位体积相界面积为 A，第二相为体积比为 V 的六方结构纤维状组织，两种组织发生转化需满足

$$A = \frac{2}{S}\left(\frac{2\sqrt{3}}{3}\pi V\right)^{1/2} \tag{10-17}$$

而对于层状组织，需满足

$$A = \frac{2}{S} \tag{10-18}$$

式中，S 为层间距。

当产物固相间的界面能具有各向同性，且以反应时产生的界面能最小为约束条件时，两种组织发生转化的条件为

$$V_c = \frac{3}{2\sqrt{3}\pi} \approx 0.28 \tag{10-19}$$

即当 V 低于 V_c 时，形成纤维状组织；高于 V_c 时，形成层状组织。

第11章　陶瓷增韧

陶瓷材料的高温力学性能、抗化学侵蚀能力、耐磨性、电绝缘性等均优于金属材料，但其脆性限制了它的使用，为此陶瓷增韧便成了陶瓷材料研究的核心课题。到目前为止，已经探索出若干种陶瓷增韧的途径，并取得了显著的增韧效果。根据陶瓷增韧的显微组织可将增韧陶瓷分为两大类，一类是自增韧陶瓷，通常是由烧结和热处理过程中微观组织内部自生出增韧相；另一类是在制备时利用机械混合法加入起增韧作用的第二相，例如纤维增韧、晶须增韧及颗粒增韧陶瓷等。本章将详细介绍陶瓷相变增韧，纤维增韧，短纤维、晶须及颗粒增韧机理。

11.1　相变增韧

陶瓷材料主要以共价键和离子键键合，多为复杂的晶体结构，室温下可动位错的密度几乎为零，即材料断裂过程中消耗的断裂能很低，为了改善陶瓷韧性，往往需要寻找增强韧化的途径。传统的观念认为，相变在陶瓷体中引起的内应变终将导致材料的开裂。因此，陶瓷工艺学往往将相变看作不利的因素。然而，部分稳定 ZrO_2（PSZ）具有比全稳定 ZrO_2 更好的力学性能，这一事实使得 PSZ 相变增韧得以受到重视，从而把相变作为陶瓷材料的强韧化手段。这里我们主要讨论 ZrO_2 相变增韧，具体表现在将 ZrO_2 的 t——m 相变 Ms 点稳定到比室温稍低，而 Mf 点比室温高，使其承载时由应力诱发产生 t——m 相变，由于相变产生的体积效应和形状效应而吸收大量的能量，从而表现出异常高的韧性，这就是相变增韧的概念。

11.1.1　应力诱导相变增韧

应力诱导相变增韧是指陶瓷基体内处于亚稳状态的 t-ZrO_2 晶粒，在裂纹尖端应力的诱发作用下发生 t——m 相变，并伴随着体积膨胀，相变和体积膨胀的过程一方面可吸收或消耗裂纹尖端能量，同时将在主裂纹作用区产生压应力，从而有效阻止裂纹的扩展，此时只有增加外力做功才能使裂纹继续扩展，于是材料强度和断裂韧性大幅度提高。图 11-1 是裂纹尖端应力诱导相变增韧机理示意。

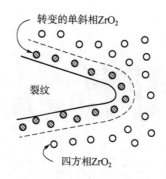

图 11-1　裂纹尖端应力诱导相变增韧机理示意

ZrO_2 相变的驱动力主要来自于 t ⟶ m 相变的自由能差（$\Delta G_{m/t}$），而相变弹性应变能的变化则是相变阻力，即保持一定的相变弹性应变能是相变增韧的必要前提。相变增韧贡献的大小，即断裂韧性的增加量 $\Delta K_{IC,1}$ 为

$$\Delta K_{IC,1} = \frac{\eta E e^T V_f h^{\frac{1}{2}}}{1-\mu} \tag{11-1}$$

式中，η 为与裂纹尖端区形貌及其应力场性质有关的因子；E 为弹性模量；μ 为泊松比；V_f 为已发生相变 ZrO_2 的体积分数；h 为相变带宽度；e^T 为相变过程中的膨胀应变。由该式可知，韧性提高的幅度主要与基体弹性模量、已发生相变的四方相的体积分数等因素有关。

11.1.2　微裂纹增韧

ZrO_2 的 t ⟶ m 相变会发生体积膨胀，在相变颗粒周围产生许多小于临界尺寸的微裂纹或裂纹核，这些微裂纹在外界应力作用下是非扩展的、非破坏性的。当大的裂纹扩展遇到这些裂纹时，将诱发相变，由于微裂纹的延伸可释放主裂纹的部分应变能，并使裂纹发生转向，以增加主裂纹扩展所需的能量，因此有效地抑制了主裂纹扩展（见图 11-2）。材料的弹性应变能将主要转换为微裂纹的新生表面能，从而提高材料的断裂韧性。

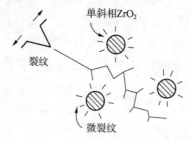

图 11-2　ZrO_2 颗粒相变形成的微裂纹使扩展的主裂纹发生偏转

微裂纹增韧贡献的大小，即断裂韧性的增加量 $\Delta K_{IC,2}$ 为

$$\Delta K_{IC,2} = \sqrt{2E\gamma m\rho} \tag{11-2}$$

式中，γ 为裂纹表面的比表面能；ρ 为裂纹区的大小；m 为微裂纹面积密度，与 ZrO_2 晶粒的体积分数成正比，与晶粒尺寸成反比。

良好的微裂纹增韧效果必须满足以下条件：①ZrO_2晶粒尺寸可允许大于产生应力诱导相变的颗粒临界尺寸d_c'，但一定要小于能自发产生裂纹的颗粒尺寸d_c''，即$d_c' \leqslant d \leqslant d_c''$；②要求 ZrO_2晶粒与基体晶粒两者尺寸接近、热鼓胀失配小；③基体材料的本征断裂韧性、晶界能和弹性模量 E 要大。

11.1.3　表面相变残余压应力增韧

陶瓷材料表面处的 $t\text{-}ZrO_2$晶粒不存在基体约束，容易发生 t ——→ m 相变，而内部 $t\text{-}ZrO_2$晶粒因受到基体各方面压力而保持为亚稳状态。由于陶瓷表层发生 t ——→ m 相变引起体积膨胀而使表面形成表面压应力，如图 11-3 所示。这种表面压应力有利于阻止来自表面裂纹的扩展，从而起到增韧和增强的作用。

诱导材料表层四方相相变产生残余压应力的途径有：①通过机械研磨或表面喷砂，利用机械应力诱发表层 t ——→ m 相变；②通过化学处理的办法使试样接近表面的亚稳四方相相变产生表面压应力；③通过快速低温处理（液氦或液氮中），使表面发生 t ——→ m 相变。

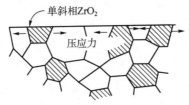

图 11-3　ZrO_2表面发生 t ——→ m 相变形成表面压应力示意

11.2　纤维增韧

为了改善陶瓷韧性，通常在陶瓷基体中加入第二相纤维而制成陶瓷基复合材料。定向或取向或无序排布的纤维的加入，均使陶瓷基复合材料韧性显著提高，同时强度及抗热震性也有显著提高，这就是纤维增韧。

11.2.1　单向排布纤维增韧

单向排布纤维增韧陶瓷基复合材料具有各向异性，即沿纤维长度方向上的纵向性能明显高于横向性能。这种纤维的定向排布是根据实际构件的使用要求确定的，即主要使用其纵向性能，这里我们主要讨论纵向性能。当裂纹扩展遇到纤维时，裂纹受阻，欲使裂纹继续扩展必须提高外加应力。随着外加应力的提高，出现基体与纤维界面解离，且纤维的强度高于基体的强度，开始产生纤维拔出。当拔出的长度达到某一临界值时（此临界值取决于界面的结合强度和纤维本身的强度），纤维发生断裂。因此裂纹扩展必须克服由于纤维加入而产生

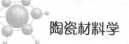

的拔出功及纤维断裂功，即断裂韧性应表示为

$$K_{IC} = K_{IC0} + (W_{fp} + W_{ff})$$

(11-3)

式中，K_{IC} 为复合材料的断裂韧性；K_{IC0} 为基体的断裂韧性；W_{fp} 为纤维拔出功；W_{ff} 为纤维断裂功。实际上在断裂过程中纤维的断裂并非在同一裂纹平面上，而因主裂纹沿纤维断裂位置的不同发生裂纹转向。因此，在单向排布纤维增韧陶瓷基复合材料中韧性的提高来自三个方面的贡献，即纤维拔出、纤维断裂及裂纹转向。

11.2.2　多维多向排布纤维增韧

单向排布纤维增韧陶瓷基复合材料只是纤维排列方向上的纵向性能优越，而横向性能显著低于纵向性能，这只适用于单轴应力的场合。然而，许多陶瓷构件要求在二维和三维方向上均有高性能，显然单向排布纤维增韧陶瓷基复合材料不满足要求，于是便提出了多维多向排布纤维增韧陶瓷基复合材料。

1. 二维多向排布纤维增韧陶瓷基复合材料

这种复合材料中纤维的排布方式有两种。一种是将纤维编织成纤维布，浸渍浆料后根据需要的厚度将若干层或单层进行热压烧结成型，如图11-4所示。采用这种排布方式的材料在纤维排布平面内的二维方向上性能优越，而在垂直于纤维排布平面方向上性能较差，主要应用在二维方向上均有较高性能的构件上。这种成型板状构件曲率不宜太大，一般用于平板构件或曲率半径较大的壳层构件。另一种是纤维分层单向排布，层间纤维方向成一定角度，如90°角或45°角等，如图11-5所示。采用这种排布方式的材料可根据构件的形状用纤维浸浆缠绕的方法做成所需形状的壳层构件。此外，二维多向排布纤维增韧陶瓷基复合材料的增韧机理与单向排布纤维增韧陶瓷基复合材料一样，也同样靠纤维拔出与裂纹转向使其韧性、强度大幅度提高。

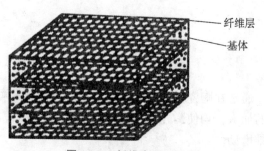

图 11-4　纤维布层压示意

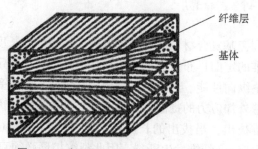

图 11-5　多层纤维按不同角度方向层压示意

2. 三维多向排布纤维增韧陶瓷基复合材料

由于某些构件要求在三维方向上甚至更多维数方向上均有较高的性能，因而便提出了三维多向及多维多向排布纤维增韧陶瓷基复合材料。这种材料的研究最初是在三向 C/C 陶瓷基复合材料上，现在发展到三向石英/石英等陶瓷基复合材料。图 11-6 是三向正交 C/C 纤维排布结构示意，其结构是按直角坐标将多束纤维分层交替编织而成的，每束纤维呈直线伸展，不存在相互缠和绕曲，因而使纤维足以充分发挥最大的结构强度。这种排布方式还可以通过调节纤维束的根数和股数、相邻束间的间距、织物的体积密度以及纤维的总体积分数等参数，以满足最佳要求。在此基础上，又相继发展了四向、五向、六向等多向排布纤维增韧形式。

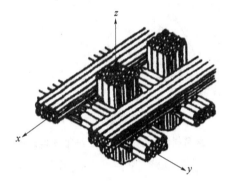

图 11-6　三向正交 C/C 纤维排布结构示意

11.3　短纤维、晶须及颗粒增韧

长纤维增韧陶瓷基复合材料制备工艺复杂，特别是纤维在基体中均匀分布很困难，纤维束浸渍不透而使性能下降，因而质量不易控制，且成本较高。相比较而言，短纤维、晶须及颗粒增韧陶瓷基复合材料的可控性较高。

11.3.1　短纤维增韧

长纤维被剪断（<3 mm）后可得到短纤维，然后将其分散并与基体粉末混合均匀，利用热压烧结的方法即可制备得到高性能的复合材料。这种短纤维增强体在与原料粉末混合时取向是无序随机的，但在冷压成型及热压烧结时，短纤维则由于在基体压实与致密化过程中纤维沿压力方向转动，导致最终制成的复合材料中，短纤维沿加压面择优取向，因而产生一定程度的性能各向异性，即沿加压面方向上的性能优于垂直于加压面方向上的性能。图 11-7 是复合材料的断裂功与 C 纤维含量之间的关系。可以看出，纤维含量适当时，复合材料的断裂功有显著提高，并且当纤维定向排布时，可在高纤维体积分数时得到更高的断裂功，而无序分布时，峰值减小，且峰的位置左移。

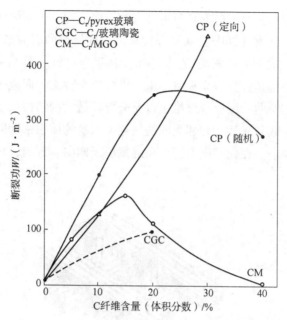

图 11-7 复合材料的断裂功与 C 纤维含量之间的关系

11.3.2 晶须增韧

相比于短纤维，晶须宏观形态和粉末一样，制备复合材料时无须经裁剪长纤维来制备短纤维，可直接将晶须分散后与基体粉末混合均匀，经热压烧结即可制得致密的晶须增韧陶瓷基复合材料。

晶须增韧陶瓷基复合材料的强韧化机理大体与纤维增韧陶瓷基复合材料相同，即主要靠晶须的拔出桥连与裂纹转向机制对强度和韧性的提高产生突出贡献，图 11-8 是晶须增韧机制示意。对于晶须的拔出桥连机制，晶须的拔出长度存在一个临界值 l_{po}，当晶须的某一端距主裂纹距离小于这一临界值时，则晶须从此端拔出，此时拔出长度小于等于临界值 l_{po}。若晶须两端到主裂纹的距离均大于临界拔出长度，晶须拔出过程中产生断裂，断裂位置在临界拔出长度范围内，则此时的拔出长度也小于等于 l_{po}。

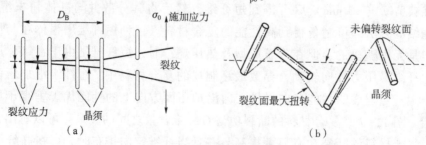

图 11-8 晶须增韧机制示意

（a）拔出桥连；（b）裂纹转向

此外，界面结合强度直接影响复合材料的增韧机制与韧化效果。界面强度过高，晶须将与基体一起断裂，限制晶须的拔出，因而减小了晶须拔出机制对韧性的贡献，但界面强度的提高有利于载荷转移，因而提高了强化效果。界面强度过低，则晶须拔出功减小，不利于韧化和强化，因此界面强度应有一个最佳值。

复合材料断裂存在晶须桥连机制时，其断裂能量增量 ΔJ_{fb} 为

$$\Delta J_{fb} = \frac{V_{fb} \cdot r (\sigma_f^{\omega})^3}{6 E_{\omega} \tau_i} = \frac{V_{fb}(\sigma_f^{\omega})^2 l_{db}}{3 E_{\omega}} \tag{11-4}$$

式中，σ_f^{ω}，E_{ω} 及 r 分别为晶须的断裂强度、弹性模量及半径；l_{db} 为晶须临界解离长度，$l_{db} = \frac{r \gamma^{\omega}}{6 \gamma^i}$，$\gamma^{\omega}$ 和 γ^i 分别为晶须和界面的断裂能；τ_i 为界面剪切抗力；V_{fb} 为参与桥接的晶须体积分数。由此可见，提高界面结合强度，将降低晶须桥连韧化作用。由于发生晶须桥连效应的前提是晶须/基体界面发生解离，τ_i 的提高使界面解离难以进行，从而使晶须桥连宽度 D_B 和晶须/基体界面解离长度 l_{db} 均减小。

由于晶须的拔出效应而提高韧性的增量 ΔK_{po} 为

$$\Delta K_{po} = \frac{(E_c V_{po} \tau_i r)^{1/2} l_{po}}{r} \tag{11-5}$$

式中，E_c 为复合材料的弹性模量；V_{po} 为参与拔出的晶须体积分数；l_{po} 为拔出长度。由上式可以看出，提高界面的结合强度会提高晶须的拔出效应对韧性的贡献。但实际中，要获得晶须的拔出效应，必须满足晶须的拔出条件。即在晶须桥连区内，基体断裂时传递给晶须的力 p 小于晶须断裂力 $\pi r^2 \sigma_f^{\omega}$，但大于晶须/基体界面在裂纹上下侧中较短一侧的长度 $l(l \leqslant l_{po})$ 范围内产生的剪切力，即

$$\pi r^2 \sigma_f^{\omega} \geqslant p \geqslant 2\pi r l \tau_i \tag{11-6}$$

$$\tau_i \leqslant r\sigma_f^{\omega}/2l \tag{11-7}$$

11.3.3　颗粒增韧

在复合材料制备过程中，当晶须含量较高时，晶须桥连效应使得材料致密化困难，从而引起密度和性能下降，而颗粒作为增韧剂制备得到颗粒增韧陶瓷基复合材料，其原料混合均匀化及烧结致密化都比纤维和晶须增韧陶瓷基复合材料简便易行。因此，尽管颗粒增韧效果不如晶须与纤维，但颗粒种类、粒径、含量及基体材料选择得当仍有一定的增韧效果，同时也会带来高温强度、高温蠕变性能的改善。

在晶须与颗粒增韧陶瓷基复合材料中，在晶须的拔出桥连与裂纹转向机制，以及颗粒增韧机制的共同增韧作用下，其韧化效果会进一步提高。复合增韧过程中，晶须的作用是相同的，但颗粒可以产生相变增韧，也可以配合晶须阻止晶粒长大，即细化晶粒，起到裂纹转向与分叉的作用。

第 12 章　陶瓷机械性能

陶瓷材料的化学键大都为离子键和共价键，键合牢固并有明显方向性。与金属材料不同，陶瓷材料具有弹性模量高、抗压强度高、高温蠕变小等优异力学性能，但其断裂韧性又比较低，表现出脆性断裂。因此了解和掌握陶瓷材料的机械性能及测试方法，以及主要的影响因素，对高性能陶瓷材料的制备及应用都是非常重要的。本章将详细介绍陶瓷密度、硬度、弹性、强度及其断裂韧性。

12.1　陶瓷密度

12.1.1　陶瓷密度的种类

密度是指单位体积的质量，单位为 g/cm^3，常见的陶瓷密度有以下四种。

（1）真密度：材料质量与真实体积之比；

（2）体积密度：陶瓷材料实际测出的密度，包括陶瓷内部所有的晶格缺陷、各相组成和气孔；

（3）表观密度：材料质量与其真实体积和闭气孔体积之和的比值；

（4）堆积密度：一定粒级的颗粒的单位体积堆积体的质量。

12.1.2　陶瓷密度的影响因素

陶瓷密度主要取决于元素的尺寸、元素的质量和结构堆积的紧密程度。原子序数和相对原子质量小的元素具有低的结晶学密度或理论密度。反之，原子序数和相对原子质量大的元素使材料具有高的结晶学密度。例如，WC 陶瓷的密度为 15.7 g/cm^3，而 B_4C 陶瓷的密度为 2.51 g/cm^3。

原子堆积情况对陶瓷密度也产生一定影响，但影响较小。金属键键合陶瓷中的原子形成紧密堆积，会使其密度比共价键键合陶瓷的密度更高一些。

12.1.3 陶瓷密度的测试方法

结晶学密度或理论密度可以利用晶胞参数和所含元素的相对原子质量计算得到。

在大多数情况下，陶瓷材料含有表面连通气孔，陶瓷密度通常是采用阿基米德排水法测量得到的。其测量步骤为：

（1）超声清洗陶瓷表面，在 110 ℃下烘干至恒重，并置于干燥器中冷却至室温；

（2）在空气中称量陶瓷试样的质量 m_1；

（3）将试样置于烧杯内，并放置真空干燥器内抽真空至压力小于 20 Torr（1 Torr = 133.322 Pa），保压 5 min，然后 5 min 内缓慢注入蒸馏水，直至浸没试样，再保持压力小于 20 Torr 5 min；

（4）将试样连同容器取出后，在空气中静置 30 min；

（5）蒸馏水完全淹没试样后，将试样吊在天平的挂钩上称量，获得饱和试样的表观质量 m_2；

（6）从蒸馏水中取出试样，用带有饱和蒸馏水的毛巾小心擦去试样表面多余的液滴，迅速称量试样在空气中的质量 m_3。

然后利用下面公式进行计算。

体积密度：

$$D_b = \frac{m_1}{m_3 - m_2} \tag{12-1}$$

显气孔率：

$$P_a = \frac{m_3 - m_1}{m_3 - m_2} \times 100\% \tag{12-2}$$

吸水率：

$$w_a = \frac{m_3 - m_1}{m_1} \tag{12-3}$$

真气孔率：

$$P_t = \frac{D_t - D_b}{D_t} \times 100\% \tag{12-4}$$

闭气孔率：

$$P_c = P_t - P_a \tag{12-5}$$

12.2 陶瓷硬度

12.2.1 陶瓷硬度的种类

硬度是指材料抵抗硬且尖锐的物体所施加的压力而产生永久压痕的能力。硬度是材料重要的力学性能指标之一，常见的硬度表示法有莫氏硬度、布氏硬度（HB）、洛氏硬度

（HR）、维氏硬度（HV）、努普硬度（HK）和显微硬度等。

由于测量方法不同，测得的硬度所代表的材料性能也各异。例如，金属材料常用的硬度测量方法是在静载荷下将一种硬的物体压入材料，这样测得的硬度主要反映材料抵抗塑性形变的能力；而陶瓷、矿物材料常用划痕法测试硬度，反映材料抵抗破坏的能力。所以，硬度没有统一的定义，各种硬度的单位也不同，彼此间没有固定的换算关系。

12.2.2　陶瓷硬度的影响因素

陶瓷硬度主要取决于结合键类型、晶体结构和化学组成。

离子半径越小、离子电价越高、配位数越大、结合能越大，抵抗外力摩擦、刻划及压入的能力也越强，所以硬度越大。

此外，陶瓷材料的显微结构、裂纹、杂质对硬度都有影响。

温度对陶瓷硬度也有影响，一般来说，温度升高，硬度下降。

12.2.3　陶瓷硬度的测试方法

1. 莫氏硬度

陶瓷材料常用的划痕硬度叫作莫氏硬度，它是用一系列矿物相互对比而成的一个序列。目前莫氏硬度分为 15 级，如表 12-1 所示。

表 12-1　莫氏硬度顺序

等级	材料	等级	材料
1	滑石	9	黄玉
2	石膏	10	石榴石
3	方解石	11	熔融氧化锆
4	萤石	12	刚玉
5	磷灰石	13	碳化硅
6	正长石	14	碳化硼
7	SiO_2玻璃	15	金刚石
8	石英		

2. 维氏硬度

维氏硬度测量的压头是一相对两面夹角为 136° 的金刚石正四棱锥压头，在一定载荷 P 的作用下压入试样表面，在规定保压时间后卸除载荷。在试样测试面上压出一个正方形的压痕，在读数显微镜下测量该正方形压痕两对角线 d_1 和 d_2 的长度，算出平均值 $d = (d_1 + d_2)/2$，并算出压痕凹面的面积 F，即可计算出维氏硬度，单位为 MPa，如图 12-1（a）所示。

维氏硬度计算公式为

$$HV = \frac{P}{F} = 1.854\,4\,\frac{P}{d^2} \tag{12-6}$$

式中，P 为载荷（N）；F 为压痕面积（mm^2）；d 为压痕对角线长度的平均值（mm）。

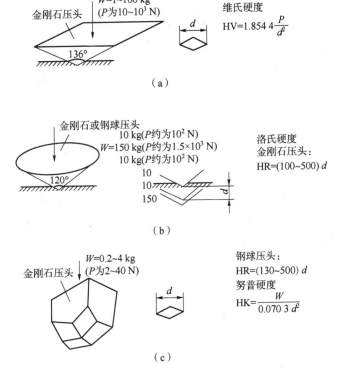

图 12-1　不同硬度测试方法的加载实验图

3. 洛氏硬度

洛氏硬度的测量一般采用 120° 的金刚石圆锥压头，如图 12-1（b）所示，它是以测量压痕深度值的大小来表示材料的硬度。洛氏硬度的测试是在先后施加初载荷 P_0 及总载荷 P 的作用下，将金刚石圆锥压头压入试样表面来进行的；总载荷 P 为初载荷 P_0 与主载荷 P_1 之和。

在加总载荷 P 并卸除主载荷 P_1 后，在初载荷 P_0 继续作用下，由主载荷 P_1 所引起的残余压入深度值 e 来计算洛氏硬度，数值 e 以规定单位 0.002 mm 表示。e 值越大，材料的硬度越低。e 值的计算公式为

$$e = \frac{h_1 - h_0}{0.002} \tag{12-7}$$

式中，h_0 为在初载荷 P_0 作用下，压头压入试样表面的深度；h_1 为在已施加总载荷 P 并卸除主载荷 P_1，但仍保留初载荷 P_0 时，压头压入试样表面的深度。

洛氏硬度为

$$HR = 100 - e \tag{12-8}$$

结构陶瓷的洛氏硬度值通常为 70~90，对于 HR>70 的试样，应用圆锥形压头在 100 kg 或 60 kg 载荷下测量。

4. 努普硬度

努普硬度的测量最初是为了避免维氏硬度测试中产生裂纹、用来测量玻璃的显微硬度，

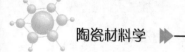

后面又被广泛用于硬质陶瓷，其压痕大小是一般维氏硬度的 2.5 倍，因此更便于测量，如图 12-1（c）所示。金刚石压头主轴方向的压痕是副轴方向的 7 倍，其硬度值为

$$HK = \frac{14.229W}{d^2} \tag{12-9}$$

式中，d 是长对角线的长度（mm）；W 为载荷（kg）。

例如：1200HK 0.1 表示的是在 0.1 kg 载荷下测试的努普硬度为 1 200。

12.3　陶瓷弹性

12.3.1　弹性变形

材料在外力作用下都会产生相应的应变。对于每一种材料来说，在一定的应力极限范围内应变是可逆的，即在应力取消时，应变便消失，这就是弹性变形。弹性变形过程中，弹性应力 σ 和弹性应变 ε 的关系为

$$\sigma = E\varepsilon \tag{12-10}$$

式中，E 为弹性模量。

切应变时，切应力 τ 与切应变 γ 的关系为

$$\tau = G\gamma \tag{12-11}$$

式中，G 为剪切模量。

陶瓷材料为脆性材料，在室温下承载时几乎不能产生塑性变形，而在弹性变形范围内就发生脆性断裂。

12.3.2　弹性模量

弹性模量 E 是弹性应力和弹性应变之间的比例常数，数学表达式为

$$E = \frac{\sigma}{\varepsilon} \tag{12-12}$$

弹性模量在工程上反映材料的刚度，在微观上反映原子的键合强度。键合越强，弹性模量越高，因此弹性模量与陶瓷的结合键类型有关，通常是共价键陶瓷的化学键强，E 也高。当然，若陶瓷材料不同方向的结合键不同，其 E 也不同。

陶瓷材料致密度对其弹性模量影响很大，弹性模量与气孔率的关系为

$$E = E_0(1 - 1.9P + 0.9P^2) \tag{12-13}$$

式中，E_0 为无气孔时材料的弹性模量；P 为气孔率。

此外，温度对陶瓷材料的弹性模量也会产生影响，一般来说，温度越高，原子间距增大，弹性模量降低。

12.3.3　弹性模量的测定

弹性模量的测定通常有静态法和动态法两种。

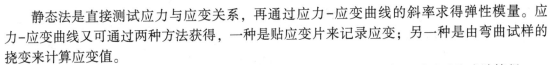

静态法是直接测试应力与应变关系，再通过应力-应变曲线的斜率求得弹性模量。应力-应变曲线又可通过两种方法获得，一种是贴应变片来记录应变；另一种是由弯曲试样的挠变来计算应变值。

动态法是给试样一个激励使其发生振动，测试试样的共振频率，再通过公式计算得

$$E = cmf^2 \tag{12-14}$$

式中，c 为常数；m 为试样质量；f 为共振频率。

12.4　陶瓷强度

12.4.1　理论强度与实际强度

理论强度是指理想晶体中使原子键断裂，使结构破坏所需的拉伸应力，其计算公式为

$$\sigma_{th} = \left(\frac{E\gamma}{a_0}\right)^{1/2} \tag{12-15}$$

式中，σ_{th} 为理论强度；E 为弹性模量；γ 为断裂表面能；a_0 为原子间距。因此，理论强度只与弹性模量、表面能和原子间距有关。

陶瓷材料的实际强度与晶粒尺寸的关系为

$$\sigma_f = \sigma_0 + kd^{-1/2} \tag{12-16}$$

式中，σ_0 为无限大单晶的强度；k 为材料常数；d 为晶粒直径。该公式说明晶粒越小，材料强度越高，因此微晶材料就成为无机材料发展的一个重要方向。

然而，陶瓷材料的实际强度远低于理论强度，这是由于材料中存在结构缺陷，如裂纹、气孔、夹杂物等，从而导致应力集中，使材料在远低于理论强度的载荷下发生断裂。

12.4.2　缺陷对陶瓷强度的影响

1. 裂纹的影响

Griffith 认为实际材料中存在许多微小的裂纹，它们扩展连接从而导致材料整体的断裂。含有中间穿透裂纹（$2c$）的单位厚度的无限大板在应力 σ 的作用下，断裂强度为

$$\sigma_f = \left(\frac{2E\gamma}{\pi c}\right)^{1/2} \tag{12-17}$$

式中，σ_f 为断裂强度；E 为弹性模量；γ 为断裂表面能；c 为裂纹半长。

此公式只是估算陶瓷材料断裂强度的基本公式，但不适合用于估算实际材料的断裂应力，这是因为材料及微裂纹的形状、裂纹尖端塑性区的产生而引起的应力松弛等因素，这些因素都会使得表面能发生变化，考虑到这些因素的断裂强度为

$$\sigma_f = \frac{1}{Y}\left(\frac{2E\gamma}{c}\right)^{1/2} \tag{12-18}$$

式中，Y 为无量纲项，取决于缺陷深度和试样的几何形状。对于中间含有穿透裂纹的无限大薄板来说，$Y = \sqrt{1/\pi}$。

2. 气孔的影响

气孔的存在，一方面会减小与强度直接相关的弹性模量；另一方面往往是陶瓷材料内部

裂纹形成的发源地，因此气孔会显著降低陶瓷的强度。

断裂强度与气孔率 P 的关系为

$$\sigma_f = \sigma_0 \exp(-nP) \tag{12-19}$$

式中，n 为常数，一般为 $4 \sim 7$；σ_0 为没有气孔时的强度。

除气孔率外，气孔的形状及分布对陶瓷材料的强度来说也很重要。陶瓷材料中气孔的形状受制造工艺影响较大，如湿法成型时，浆料中易夹入空气，容易产生近似球形的独立大气孔；而对于干法成型来说，气孔往往是非球形的。

3. 夹杂物的影响

夹杂物是指在陶瓷材料制备过程中引入的外来杂质。对于有机和低熔点夹杂物来说，经过陶瓷高温烧结后，可能成为一种缺陷；而对于无机非金属夹杂物来说，烧结后则保留在陶瓷内，这种夹杂物对材料强度的影响，取决于夹杂物相对于陶瓷材料的热性能和弹性模量。当夹杂物的热膨胀系数和弹性模量低于陶瓷材料时，材料强度降低最多；而当夹杂物的热膨胀系数或弹性模量高于陶瓷材料时，夹杂物对材料强度影响较小。

12.4.3 陶瓷强度的测试方法

1. 抗拉强度

抗拉强度是指材料在单向均匀拉应力作用下断裂时的应力值，其计算公式为

$$\sigma_t = \frac{P}{A} \tag{12-20}$$

式中，σ_t 为抗拉强度；P 为断裂时的载荷；A 为试样横截面积。

抗拉强度一般是在万能试验机上进行的，但对于陶瓷材料来说，很少测试其抗拉强度，主要有两个原因：一是陶瓷拉伸试件制作困难、成本高；二是拉伸试验要求试件内的应力分布是均匀的，这对陶瓷材料来说是很困难的。

2. 抗弯强度

抗弯强度是指试件在弯曲应力作用下，受拉面断裂时的最大应力。试件横截面通常为矩形，沿整个长度的截面是均匀的，这种试件制作成本远低于拉伸试件。

抗弯强度试验分为三点弯曲和四点弯曲两种，如图 12-2 所示。

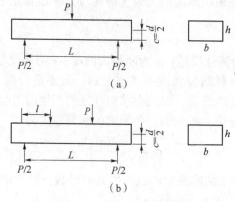

图 12-2　抗弯强度试验

(a) 三点弯曲；(b) 四点弯曲

三点弯曲时抗弯强度的计算公式为

$$\sigma_b = \frac{3PL}{2bh^2}$$

（12-21）

四点弯曲时抗弯强度的计算公式为

$$\sigma_b = \frac{3P(L-l)}{2bh^2}$$

（12-22）

式中，P 为断裂载荷；L 为试样支座间距；l 为上支点间的跨距；b 为试样的宽度；h 为试样的高度。

弯曲强度的测试值离散性较大，因此要求试样有一定数量，一般每组为 10~12 根，高温试验时试样可适当少一些，每组为 5~10 根，试样尺寸通常为 36 mm×4 mm×3 mm。

3. 抗压强度

抗压强度是指一定尺寸和形状的陶瓷试样在规定的试验机上受轴向应力作用破坏时，单位面积上所承受的载荷；或是陶瓷材料在均匀压力下破碎时的应力，其计算公式为

$$\sigma_c = \frac{P}{A}$$

（12-23）

式中，σ_c 为抗压强度；P 为试样压碎时的总压力；A 为试样受载截面积。

试样尺寸高与直径之比一般为 2∶1，每组试样为 10 个以上。陶瓷材料的抗压强度比抗拉强度、抗弯强度高很多，因此，抗压强度对设计工程陶瓷部件常常是有利的，抗压强度是工程陶瓷材料的一个常测指标。

12.5　陶瓷的断裂韧性

12.5.1　陶瓷断裂韧性的基本概念

陶瓷材料中裂纹的尖端存在应力集中，它可以用应力强度因子 K 表示。应力强度因子的一般表达式为

$$K = \sigma Y \sqrt{c}$$

（12-24）

式中，σ 为应力；c 为裂纹尺寸；Y 为无量纲因子，取决于裂纹的形状、尺寸及载荷形式。根据所加载荷的方向将裂纹扩展方式分为掰开型（Ⅰ型）、错开型（Ⅱ型）、撕开型（Ⅲ型）三种类型，相应的应力强度因子分别为 K_{I}、K_{II}、K_{III}，如图 12-3 所示。

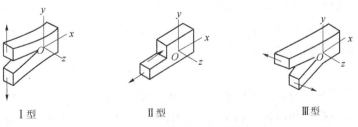

Ⅰ型　　　　　Ⅱ型　　　　　Ⅲ型

图 12-3　裂纹扩展方式的三种类型

Ⅰ型是陶瓷材料低应力断裂的主要原因，也是陶瓷材料最常遇到的情况。当裂纹尖端应力强度因子达到某一临界值时，裂纹将会失稳扩展而导致断裂，此时的临界应力强度因子称为断裂韧性，用 K_{IC} 表示。因此，断裂韧性是材料抵抗裂纹扩展的阻力，材料断裂韧性越高，形成裂纹和裂纹扩展越困难。对于Ⅰ型裂纹来说，失稳扩展的条件为

$$K_I \geq K_{IC} = \sigma_f Y \sqrt{c} \qquad (12-25)$$

式中，σ_f 为断裂强度。

陶瓷材料与金属材料的抗拉强度或抗弯强度差异并不很大，但断裂韧性差别很大。一般来说，陶瓷材料断裂韧性比金属材料低 1~2 个数量级。因此，在扩大陶瓷材料实际应用时，必须想办法大幅度提高和改善陶瓷的断裂韧性。

12.5.2 陶瓷断裂韧性的测试方法

陶瓷材料断裂韧性的测试方法主要有：单边切口梁法、双悬臂梁法、双扭法、压痕法等，但目前应用最多的是单边切口梁法和压痕法。

1. 单边切口梁法

单边切口梁法是在陶瓷试条中部开一个很小的切口预制出尖锐裂纹，利用三点弯曲或四点弯曲施加应力直至断裂，如图 12-4 所示。

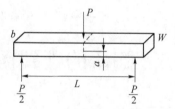

图 12-4　单边切口梁法示意

将式（12-21）和式（12-22）代入式（12-25）中，其断裂韧性分别为

$$K_{IC,3} = Y \frac{3PL}{2bh^2} \sqrt{c} \qquad (12-26)$$

$$K_{IC,4} = Y \frac{3P(L-l)}{2bh^2} \sqrt{c} \qquad (12-27)$$

式中，c 为裂纹尺寸，即切口尺寸。

单边切口梁法试样加工简单，测定的断裂韧性比较稳定，同时也可以在高温或不同气氛中测试，是陶瓷韧性测试采用的最普遍方法。但是，这种方法预制尖锐裂纹尺寸很难控制，切口尺寸越大，测定的断裂韧性越大。

2. 压痕法

压痕法是在陶瓷材料表面进行精密抛光，在维氏硬度仪上利用金刚石压头以一定载荷加压，制造压痕及沿压痕对角线扩展的裂纹，如图 12-5 所示。在光学显微镜下测量压痕对角线长度 $2c$ 及裂纹扩展长度 l，令 $c=l+a$。根据裂纹几何尺寸选择合适的计算公式，这里只给出了 Niihara 提出的计算公式，即

$$K_{IC} = \frac{0.129}{3} \left(\frac{c}{a} \right)^{-\frac{3}{2}} H\sqrt{a} \left(\frac{H}{3E} \right)^{-0.4} \quad \left(\frac{c}{a} > 2.5 \right) \qquad (12-28)$$

$$K_{IC} = \frac{0.035}{3} \left(\frac{l}{a} \right)^{-\frac{1}{2}} H\sqrt{a} \left(\frac{H}{3E} \right)^{-0.4} \quad \left(\frac{c}{a} < 2.5 \right) \qquad (12-29)$$

式中，H 为材料的硬度；E 为弹性模量。

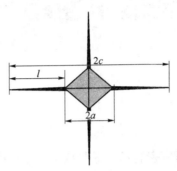

图 12-5　压痕法测量陶瓷材料的断裂韧性

压痕法的主要优点有：①对试样尺寸、数量要求低，便于制备，可用小尺寸样品测试断裂韧性；②试样加工简单，仅需对表面精密抛光；③不需要预制裂纹，测试速度快；④不需要特殊的装置，只要不同的硬度计；⑤可测试同一试样的不均匀性。

但该方法还存在一些问题，如受组织均匀性影响大、测试值离散性大、不同计算公式得到的数值差别较大。因此，应尽量增加测试点，以提高结果的准确性。

第 13 章 陶瓷热学性能

陶瓷材料的热学性能不仅对陶瓷制备有重要意义，还直接影响着它们在工程上的应用。抗热震性是指陶瓷材料承受温度的急剧变化而不被破坏的能力，是陶瓷材料热学性能和力学性质的综合表现，同时还受到几何因素和环境介质等的影响。本章将介绍陶瓷材料的热容、热膨胀系数及热导率，并阐述陶瓷材料中热应力的产生原因及其抗热震性。

13.1 热学性质

13.1.1 陶瓷材料的热容

热容作为物质的基本热物理性质，它反映材料从周围环境中吸收热量的能力。材料的热容不是一个状态函数，而是一个过程量。在不同外界条件下，热容的数值是不同的，经常使用的是恒压热容 C_p 和恒容热容 C_V。它们定义为使物体温度升高 1 K 时所需要外界提供的能量，其公式分别为

$$C_p = \left(\frac{\partial Q}{\partial T}\right)_p \qquad (13-1)$$

$$C_V = \left(\frac{\partial Q}{\partial T}\right)_V \qquad (13-2)$$

对于恒容热容来说，在 0 K 时，$C_V = 0$；在足够低温时，适用德拜热容模型，C_V 与 T^3 成正比；但在足够高温时，适用爱因斯坦热容模型，$C_V = 3R = 24.9 \ \mathrm{J \cdot mol^{-1} \cdot K^{-1}}$，是一定值。

德拜热容理论同样适用于陶瓷材料，在高于德拜温度 Θ_D 时，热容趋于常数 $24.9 \ \mathrm{J \cdot mol^{-1} \cdot K^{-1}}$，低于德拜温度 Θ_D 时，与 T^3 成正比，因此陶瓷材料的热容与晶体结构没有密切的关系。耐火氧化物和碳化物等高温陶瓷材料，由于其熔点很高，它们的德拜温度也相应地比室温高得多。图 13-1 给出了几种陶瓷材料的热容-温度曲线，这些材料的 Θ_D 为熔点的 0.2~0.5。

但是，当材料发生相变时，热容-温度曲线将在相变温度处发生突变。如图 13-2 所示，石英晶体中 α ——→ β 相变会引起热容的突变，当然在多晶转变、铁电转变、有序-无序相变

等相变情况下也会出现类似的情况。

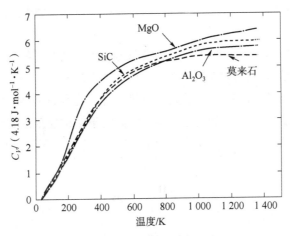

图 13-1　几种陶瓷材料的热容-温度曲线

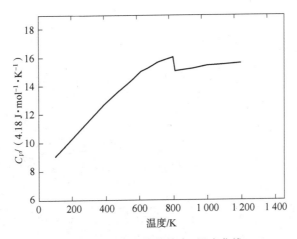

图 13-2　石英晶体的热容-温度曲线

13.1.2　陶瓷材料的热膨胀

热膨胀是指在压强保持不变时，因温度升高使物体长度、面积、体积增加的现象。通常用热膨胀系数来描述温度变化时材料发生膨胀或收缩程度，热膨胀系数包括线膨胀系数和体积膨胀系数。

在任一特定温度下，线膨胀系数定义为

$$\alpha = \frac{1}{l_0} \cdot \frac{\mathrm{d}l}{\mathrm{d}T} \tag{13-3}$$

式中，l_0 为物体的原始长度。

体积膨胀系数为

$$\beta = \frac{1}{V_0} \cdot \frac{\mathrm{d}V}{\mathrm{d}T} \tag{13-4}$$

式中，V_0 为物体的原始体积。

材料的热膨胀系数是温度的函数，一般隔热用耐火材料的线膨胀系数通常指 293～1 273 K 范围内的 α 的平均值。

热膨胀系数与物质内原子间的排斥力、吸引力大小以及原子间的键能大小有密切联系。

物质的熔点是其结合键强度的表征之一，结合键强的材料，一般热膨胀系数比较小，因此，熔点高的材料具有较小的热膨胀系数。一般而言，具有简单结构的离子晶体材料，建立膨胀系数与化学键强度之间的关系式比较容易，而对于结构复杂的材料和非离子键晶体，所建立的关系式与实验结果有较大的偏差。图 13-3 中氧化物、氯化物线膨胀系数 α 与熔点 T_m 的关系可表示为

$$\alpha = \frac{0.038}{T_m} - 7.0 \times 10^{-6} \tag{13-5}$$

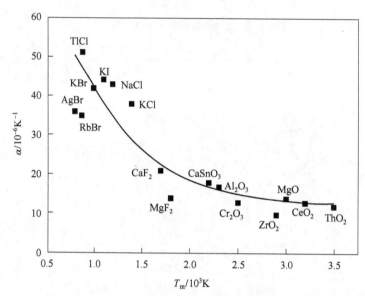

图 13-3　氧化物和氯化物的线膨胀系数与熔点的关系

热膨胀系数和热容都是由热振动的振幅所决定的，实验结果表明，在几乎所有温度下，物质的热膨胀系数与热容的比值都接近于一个常数。Grüneisen 给出了线膨胀系数与热容之间的定量关系，即

$$\alpha = \frac{\sigma C_V x}{V_m} \tag{13-6}$$

式中，x 为压缩系数；V_m 为摩尔体积；σ 为 Grüneisen 常数，它与晶体中的吸引力和排斥力有关，对于结晶物质来说，σ 约为 2。

13.1.3　陶瓷材料的热导率

热导率的物理意义是在稳态传热的情况下，单位温度梯度、单位时间内通过单位垂直面积的热量 q，即

$$q = -\lambda \frac{\mathrm{d}T}{\mathrm{d}x} \tag{13-7}$$

式中，负号表示热量向低温端传播，λ 为热导率（$W \cdot m^{-1} \cdot K^{-1}$）。

根据热导率高低，陶瓷材料大致分为三类：①高热导率陶瓷，如 BeO、AlN、SiC；②低热导率陶瓷，如 UO_2、ThO_2；③中等热导率陶瓷，如 MgO、Al_2O_3、TiO_2 等。

在无机介质中，热量的传导是通过晶体点阵或晶格振动实现的。假设晶格中一个质点处于较高的温度下，它的热振动较强烈，平均振幅也较大，而相邻质点所处的温度较低，热振动较弱。由于质点之间存在很强的相互作用力，振动较弱的质点就会在振动较强的质点带动下振动加剧，热运动能量增加。这样热量就依靠晶格振动的格波从温度较高处传向温度较低处，产生热传导现象。因相邻质点间的振动存在一定的相位差，使晶格振动以格波的形式在整个材料内传播。格波可分为声频支和光频支两类。本节将根据两类格波对导热机理的影响进行讨论。

1. 声子导热机理

根据量子理论，晶格振动的能量是量子化的，其晶格振动的"量子"称为声子。这样，把晶格振动的格波和物质的相互作用理解为声子和物质的碰撞。格波在晶体中传播发生散射的过程，可以理解为声子与声子间，以及声子与晶界、晶格缺陷等的碰撞。

晶体的热传导可以看成是非简谐弹性波在连续介质中的传播，或称为声子热能量之间的相互作用。德拜导热理论认为，陶瓷材料的纯热导率（即声子热导率）可表示为

$$\lambda_p = \frac{1}{3} C_p \bar{v} l_p \tag{13-8}$$

式中，C_p 为单位体积声子的热容；$\bar{v}$ 是声子运动的平均速度，与晶体密度、弹性力学性能有关；l_p 是声子的平均自由程。

因此，影响陶瓷材料热导率的主要因素是声子的平均自由程 l_p，它基本上是由两个散射过程决定的：声子间碰撞引起的散射；声子与晶体晶界、缺陷、杂质作用引起的散射。在实际晶体中，热量在介质内的传播是非谐性的弹性波在连续介质内的传播，该传播存在声子间的相互作用。通常声频支声子的运动速度不受声子角频率 ω 的影响，但因为热容和自由程均与角频率 ω 有关，故陶瓷材料的热导率一般可写成

$$\lambda_p = \frac{1}{3} \int C_p(\omega) \, \bar{v} \, l_p(\omega) \, \mathrm{d}\omega \tag{13-9}$$

声子与声子间相互碰撞，导致声子的平均自由程降低。格波之间的耦合作用越强，声子之间碰撞的概率就越大，相应的平均自由程就越小，热导率则越低。声子间碰撞是引起热阻的主要因素。另外，晶体缺陷、杂质和晶界均可以使格波出现散射现象，导致声子的平均自由程降低。

声子的平均自由程受温度的影响十分明显。若温度上升，则声子振动能量增加，频率增大，碰撞概率增大，平均自由程降低。这是绝大多数陶瓷材料在较高温度下热导率随温度升高而降低的主要原因。但平均自由程的降低是有限度的，温度较高时最小的平均自由程等于几个晶格间距；而温度较低时最大的平均自由程达到晶粒的尺度。

2. 光子导热机理

固体中还存在光子的热传导作用。这是因为固体中分子、原子和电子的振动、转动等运动状态的改变，会辐射出频率较高的电磁波。这类电磁波覆盖了较宽的频谱，但是其中具有较强热效应的是波长在 $0.4 \sim 40 \ \mu m$ 之间的可见光与部分红外光的区域，这部分辐射线称为热射线，热射线的传递过程则称为热辐射。由于它们都在光频范围内，所以在讨论它们的导热过程时，可以看作是光子的导热过程。

在温度不太高的情况下，较高频率的电磁辐射能在总的能量中所占比例非常小，在讨论热导率时可以忽略不计。但是当温度升高到足够高时，它的效应就明显了，这是因为它们的辐射能量与温度的四次方成正比。处于温度 T 时的黑体单位体积的辐射能 E_T 为

$$E_T = \frac{4\sigma n^3 T^4}{c} \tag{13-10}$$

式中，σ 是斯特藩-玻尔兹曼常数，其数值为 $5.73 \times 10^{-8} \ W/(m^2 \cdot K^4)$；$n$ 是折射率；c 是光速。

在辐射传热中，热容相当于提高辐射温度所需的能量，所以有

$$C_V = \frac{\partial E_T}{\partial T} = \frac{16\sigma n^3 T^3}{c} \tag{13-11}$$

同时，辐射线在介质中的速度为 $v = c/n$，由此可以得到辐射热导率为

$$\lambda_r = \frac{16}{3}\sigma \cdot n^2 T^3 \cdot l_r \tag{13-12}$$

式中，l_r 是光子的平均自由程。

这种由较高频率的电磁辐射所产生的导热过程称为光子导热。λ_r 就是描述介质中这种辐射能的传递能力，辐射过程中光子的平均自由程是主要影响因素。对于辐射线是透明的介质，热阻很小，l_r 较大；对于辐射线不透明的介质，l_r 很小；对于完全不透明的介质，$l_r = 0$，在这种介质中，辐射传热可以忽略。一般而言，单晶和玻璃对于热射线是比较透明的，因此在 $500 \sim 1\,000 \ ℃$ 时辐射传热已很明显。而大多数陶瓷材料是半透明或透明度很差的，l_r 要比单晶、玻璃小得多，因此在 $1\,500 \ ℃$ 高温下，辐射传热才明显起作用。

13.2 热应力

13.2.1 热应力的产生

由于温度变化而引起的内应力称为热应力，热应力可能导致材料热冲击破坏或热疲劳破坏。陶瓷材料热应力的产生主要有以下几种情况。

1. 温度梯度引起的热应力

当陶瓷材料处于温度梯度急剧变化的环境时，由于表面与内部中心处温度瞬间难以达到平衡，就会存在温度梯度从而产生热应力，即使是各向同性的多晶陶瓷也是如此。

2. 热膨胀系数不同引起的热应力

陶瓷材料可能含有热膨胀系数不同的结晶相和晶界相，特别是复合陶瓷通常含有两种或

两种以上的结晶相，各结晶相的热膨胀系数往往有一定差异。因此，在加热或冷却过程中，因热膨胀系数的不匹配也会产生热应力。此外，对于单相多晶陶瓷，由于晶体的热膨胀系数具有各向异性，也会导致热应力，甚至使材料内部产生微裂纹。

3. 陶瓷部件被约束时产生的热应力

结构陶瓷部件使用时可能处于一种受约束状态，即在受热或冷却时不能自由膨胀与收缩，此时，构件内部会产生热应力。显然，材料热膨胀系数越大，温差越大，产生的热应力越大。

13.2.2 热应力的计算

无定形板、长的圆柱体和球体表面冷却时一般产生的最高热应力 σ_{th} 为

$$\sigma_{th} = \frac{E\alpha\Delta T}{1-\mu} \tag{13-13}$$

式中，E 为弹性模量；α 为线膨胀系数；μ 为泊松比；ΔT 为温度差。

由上式可知，热应力随材料的弹性模量和热膨胀系数的增加而增大，随施加的 ΔT 升高而增大。但从材料角度看，ΔT 会因热导率提高而降低；从设计角度看，ΔT 可因改变制品的形状和修正传热情况来降低，也就是式（13-13）中 ΔT 会因陶瓷部件的热导率、形状和传热情况不同而改变，从而使热应力减小。

13.3 抗热震性

多晶陶瓷材料的热震破坏有两种类型，一种是材料发生的瞬时断裂，抵抗这类破坏的性能称为抗热震断裂性，一般玻璃和致密陶瓷材料大都属于这种情况；另一种是在热冲击循环作用下，材料表面开裂、剥落，并不断延伸和发展，最终破碎或失效，抵抗这类破坏的性能称为抗热震损伤性，一般含有微孔的陶瓷和耐火材料及非均质的金属陶瓷容易发生此种特征的热震破坏。

13.3.1 抗热震断裂理论

陶瓷材料在受热或冷却过程中出现的最大热应力取决于材料内部的温度梯度分布，而温度梯度分布受材料热学性质、试样几何形状及加热条件等因素的影响。当几何形状和热处理条件相同时，最大热应力可表示为

$$\sigma_{max} = f(m) \cdot P(T) \tag{13-14}$$

式中，$f(m)$ 为材料的特性函数，与材料的力学、热学性能有关；$P(T)$ 是温度函数，与温差、升温速率、热通量和辐射温度等有关。

陶瓷坯体中的最大热应力 σ_{max} 随着温度函数增大而达到断裂强度 σ_f 的临界状态时，对应的温度函数称为临界温度函数 $P(T)_c$，即

$$P(T)_c = \sigma_f / f(m) \tag{13-15}$$

临界温度函数是陶瓷材料抗热震断裂能力的度量，它可用材料的力学和热学性能来描述，并称之为抗热震参数 R，又被称为第一热应力断裂抵抗因子。对于急剧冷却或受热的陶瓷材料，其临界温度函数就是引起最大热应力 σ_{max} 的临界温差 ΔT_c。

对于平面薄板来说，抗热震参数 R 为

$$R = \Delta T_c = \frac{\sigma_f(1-\mu)}{\alpha E} \tag{13-16}$$

对于其他非平面薄板制品，可加上形状因子 S，则上式成为

$$R = \frac{S\sigma_f(1-\mu)}{\alpha E} \tag{13-17}$$

材料是否出现热应力断裂，固然与最大热应力 σ_{max} 密切相关，但还与材料中应力的分布、产生的速率和持续时间、材料的特性以及原先存在的裂纹、缺陷等有关。因此，R 虽然在一定程度上反映了材料抗热震性能的优劣，但是并不能简单地认为 R 就是材料允许承受的最大温度差。同时，热应力引起的材料断裂破坏还涉及材料的散热问题。如果材料表面向外散热快，材料内、外温差变大，热应力也大，如窑内进风会使降温的制品炸裂。在考虑了表面热传递系数 h 和热导率 λ 后，表征材料抗热震性能的理论更接近实际情况。为此，定义

$$R' = \frac{\lambda\sigma_f(1-\mu)}{\alpha E} \tag{13-18}$$

式中，R' 称为第二热应力断裂抵抗因子（$J \cdot cm^{-1} \cdot s^{-1}$）。

结合式 $\sigma^* = 0.31\beta = 0.31\frac{r_m h}{\lambda}$，并考虑样品形状，则

$$\Delta T_{max} = R'S\frac{1}{0.31r_m h} \tag{13-19}$$

式中，r_m 为材料的半厚；h 为表面热传递系数；S 为非平板样品的形状系数。

在一些场合中往往关心材料所允许的最大冷却或加热速率 dT/dt，这时可定义

$$R'' = \frac{\sigma(1-\mu)}{\alpha E} \cdot \frac{\lambda}{\rho c_p} = \frac{R'}{\rho c_p} \tag{13-20}$$

式中，α 为线膨胀系数；λ 为热导率；ρ 为密度；c_p 为比定压热容；R'' 称为第三热应力因子（$m^2 \cdot K \cdot s^{-1}$）。对于厚度为 $2r_m$ 的无限平板，在降温过程中，内外温度的变化允许的最大冷却速率为

$$\left(\frac{dT}{dt}\right)_{max} = R''\frac{2}{r_m^2} \tag{13-21}$$

陶瓷在烧成冷却时，不得超过此值，否则会发生制品炸裂。有人计算了 ZrO_2 的 $R'' = 0.4 \times 10^{-4} \ m^2 \cdot K \cdot s^{-1}$。当平板厚 10 cm 时，能承受的降温速率为 0.048 3 $K \cdot s^{-1}$。

从 R、R' 和 R'' 的表达式可知，陶瓷材料如同时具有高的强度、热导率和低的热膨胀系数、弹性模量、泊松比，才能具有高的抗热震断裂能力；此外，适度降低材料密度和热容也有利于改善陶瓷材料的抗热震性能。

13.3.2 抗热震损伤理论

对于黏土质耐火制品等一些含有微孔的材料和非均质的金属陶瓷来说，上面以强度-应力为判据的抗热震断裂因子就不再适用了。因为这些材料在热冲击下产生裂纹时，即使这些裂纹是从表面开始的，在裂纹的瞬时扩张过程中也可能被微孔、晶界或金属相所终止，而不致引起材料的完全破坏。例如一些耐火砖中，往往含有 10%~20% 气孔率时反而具有较好的抗热震性；而气孔的存在降低了材料的强度和热导率，会使 R 和 R' 都减小，因此这一现象按照强度-应力理论反而无法解释。因此，对抗热震性问题就发展了第二种处理方式，这就是从断裂力学观点出发的以应变能-断裂能为判据的理论。

按照断裂力学的观点，对于材料的损坏，不仅要考虑材料中裂纹的产生情况，还要考虑在应力作用下裂纹的扩展、蔓延情况。如果裂纹的扩展、蔓延能够被抑制在一个很小的范围内，也可能不致使材料完全破坏。

通常在实际材料中都存在一些大小和数量不等的微裂纹，在热冲击情况下，这些裂纹产生、扩展以及蔓延的程度，与材料积存的弹性应变能和裂纹扩展的断裂表面能有关。当材料中可能积存的弹性应变能较小，则原先裂纹扩展的可能性就小；裂纹蔓延时的断裂表面能大，则裂纹能蔓延的程度就小，材料抗震性就好。因此，抗热震损伤因子正比于断裂表面能，反比于弹性应变能释放率。这样就提出了两个抗热震损伤因子 R''' 和 R''''，定义为

$$R''' = \frac{E}{\sigma^2(1-\mu)} \qquad (13-22)$$

$$R'''' = \frac{E \cdot 2r_{\text{eff}}}{\sigma^2(1-\mu)} \qquad (13-23)$$

式中，E 为弹性模量；σ 为强度；$2r_{\text{eff}}$ 为断裂表面能（J/cm^2）。

R''' 实际上是材料的弹性应变能释放率的倒数，用来比较具有相同断裂表面能的材料。R'''' 用来比较具有不同断裂表面能的材料。R''' 或 R'''' 值高的材料抗热震损伤性好。从 R''' 或 R'''' 的表达式可知，对于抗热震损伤性好的材料，应该具有低的 σ 和高的 E，这与 R 和 R' 的情况正好相反。

目前，在技术上精确地测定材料中存在的微裂纹及其分布以及裂纹扩展速率还有不少困难，因此还不能对热震损伤理论做出直接的验证。另外，材料中原有裂纹的大小远非是一致的，而且影响热震损伤性的因素是多方面的，还关系到热冲击的方式、条件和材料中热应力的分布等，因此这一理论还有待进一步发展。

13.3.3 影响抗热震性的因素

1. 热应力造成陶瓷瞬时断裂的情况

从 R 和 R' 因子可知，材料的强度 σ、弹性模量 E、线膨胀系数 α 和热导率 λ 是主要影响因素。

①提高材料强度 σ，有利于抗热震性的改善。弹性模量 E 大，弹性小，在热冲击条件下材料难以通过变形来部分抵消热应力，因而对抗热震性不利。

②线膨胀系数 α 小的材料产生的热应力小，其 R 也大，抗热震性好。

③热导率 λ 大，材料内部温度梯度小，温差应力小，有利于改善抗热震性。

2. 热震损伤造成陶瓷缓慢破坏的情况

从 R''' 和 R'''' 因子可知，低的 σ 值和高的 E 值更有利，在微观结构上能够吸收断裂功的结构有利于改善抗热震性。线膨胀系数 α 和热导率 λ 的影响同热应力造成破坏的情况类似。此外，减小陶瓷制品的表面热传递系数 h，保持缓慢地散热降温是提高陶瓷产品质量及成品率的重要措施；减小产品的有效厚度也有利于减小材料的热震损伤。

参 考 文 献

[1] 谢志鹏. 结构陶瓷 [M]. 北京：清华大学出版社，2011.

[2] 曹茂盛，李大勇，荆天辅，等. 陶瓷材料导论 [M]. 哈尔滨：哈尔滨工业大学出版社，2005.

[3] 乔英杰. 材料合成与制备 [M]. 北京：国防工业出版社，2012.

[4] 郭瑞松，蔡舒，季惠明，等. 工程结构陶瓷 [M]. 天津：天津大学出版社，2002.

[5] 曹茂盛，陈笑，杨郦. 材料合成与制备方法 [M]. 哈尔滨：哈尔滨工业大学出版社，2008.

[6] 曾燕伟. 无机材料科学基础 [M]. 武汉：武汉理工大学出版社，2015.

[7] 周玉. 陶瓷材料学 [M]. 北京：科学出版社，2004.

[8] 陶杰，姚正军，薛烽. 材料科学基础 [M]. 北京：化学工业出版社，2014.

[9] 陆佩文. 无机材料科学基础 [M]. 武汉：武汉工业大学出版社，1996.

[10] 靳正国，郭瑞松，师春生，等. 材料科学基础 [M]. 天津：天津大学出版社，2008.

[11] 林宗寿. 无机非金属材料工学 [M]. 武汉：武汉理工大学出版社，2008.

[12] 陆小荣. 陶瓷工艺学 [M]. 长沙：湖南大学出版社，2006.

[13] 曲远方. 功能陶瓷的物理性能 [M]. 北京：化学工业出版社，2007.

[14] 刘峰，钮智刚，赵文文. 无机材料的性能及其发展研究 [M]. 北京：中国原子能出版社，2020.

[15] 陈騑騢. 材料物理性能 [M]. 北京：机械工业出版社，2007.

[16] KINGERY W D，BOWEN H K，UHLMANN D R. 陶瓷导论 [M]. 清华大学新型陶瓷与精细工艺国家重点实验室，译. 北京：高等教育出版社，2009.

[17] 曲远方. 功能陶瓷及应用 [M]. 北京：化学工业出版社，2014.

[18] CHIANG Y M, BIRNIE D P, KINGERY W D. Physical Ceramics：Principles for Ceramic Science and Engineering [M]. New York：John Wiley & Sons, Inc., 1997.

[19] 关振铎，张中太，焦金生. 无机材料物理性能 [M]. 北京：清华大学出版社，2006.

[20] 石德珂. 材料科学基础 [M]. 北京：机械工业出版社，2019.

[21] LOEHMAN R E. Characterization of Ceramics [M]. 哈尔滨：哈尔滨工业大学出版社，2014.

[22] ZHOU Y, GE Q L, LEI T C. Microstructure and mechanical properties of ZrO_2-2 mol% Y_2O_3 ceramics [J]. Ceramics International, 1990, 16：349-354.

[23] ZHOU Y, LEI T C, LU Y X. Grain growth and phase separation of $ZrO_2-Y_2O_3$ ceramics annealed at high temperature [J]. Ceramics International, 1992, 18：237-242.

[24] LI W F, LI S P, ZHONG X C. Comparing the influence of different kinds of zirconia on properties and microstructure of Al_2O_3 ceramics [J]. Sci. Eng. Compos. Mater, 2016, 23 (4)：407-412.

[25] LIU C, GUO W M, SUN S K. Texture, microstructures and mechanical properties of AlN-based ceramics with $Si_3N_4-Y_2O_3$ additives [J]. J. Am. Ceram. Soc, 2017, 100 (8)：3380-3384.

［26］王辰，赵飞，韩亚苓. ZrO_2/Al_2O_3 陶瓷中 ZrO_2 颗粒分布及其断裂增韧机理［J］. 中国陶瓷，2014，50（5）：22-28.

［27］YU W J, ZHENG Y T, YU Y D. The reaction mechanism analysis and mechanical properties of large-size Al_2O_3/ZrO_2 eutectic ceramics prepared by a novel combustion synthesis［J］. Ceramics International, 2018, 44（11）：12987-12995.

［28］WU W W, GUI J Y, ZHU T B. The effect of residual stress on whisker reinforcements in SiC_w-Al_2O_3 composites during cooling［J］. J. Alloy. Compd, 2017, 725：639-643.

［29］MA Y, WANG S, CHEN Z H. Effects of high-temperature annealing on the microstructures and mechanical properties of C_f/SiC composites using polycarbosilane［J］. Mat. Sci. Eng. A, 2011, 528：3069-3072.

［30］薛明俊，孙承绪. 改善氧化铝陶瓷抗热震性初探［J］. 华东理工大学学报（自然科学版），2001（6）：701-703.